PERGUNTE O PORQUÊ AO SOLO E ÀS RAÍZES

casos que auxiliam na compreensão de ações eficazes na produtividade agrícola

SÉRIE ANA PRIMAVESI

Ana Maria Primavesi – histórias de vida e agroecologia
Virgínia Mendonça Knabben

Algumas plantas indicadoras – como reconhecer os problemas do solo
Ana Primavesi

Biocenose do solo na produção vegetal & Deficiências minerais em culturas – nutrição e produção vegetal
Ana Primavesi e Arthur Primavesi

Cartilha da terra
Ana Primavesi

A convenção dos ventos – agroecologia em contos
Ana Primavesi

Manejo ecológico de pastagens em regiões tropicais e subtropicais
Ana Primavesi

Manejo ecológico e pragas e doenças
Ana Primavesi

Manual do solo vivo
Ana Primavesi

Ana Primavesi

PERGUNTE O PORQUÊ AO SOLO E ÀS RAÍZES

casos que auxiliam na compreensão de ações eficazes na produtividade agrícola

1ª EDIÇÃO

EXPRESSÃO POPULAR

SÃO PAULO - 2021

Produção editorial: Miguel Yoshida
Revisão técnica: Odo Primavesi
Revisão: Dulcineia Pavan e Aline Piva
Projeto gráfico e diagramação: ZapDesign
Capa: Pamella Simioni

Dados Internacionais de Catalogação-na-Publicação (CIP)

P952p

Primavesi, Ana
Pergunte o porquê ao solo e às raízes: casos que auxiliam na compreensão de ações eficazes na produtividade agrícola. / Ana Primavesi–1.ed.-- São Paulo : Expressão Popular, 2021.
356 p.— (Coleção agroecologia)

ISBN 978-65-5891-042-8

1. Agroecologia. 2. Produção agrícola. 3. Agronomia. 4. Ecologia. I. Título.

CDU 631
CDD 630

Bibliotecária: Eliane M. S. Jovanovich CRB 9/1250

1ª edição: outubro de 2021
1ª reimpressão: fevereiro de 2025

EDITORA EXPRESSÃO POPULAR
Alameda Nothmann, 806, Campos Elíseos
CEP 01216-001 – São Paulo – SP
atendimento@expressaopopular.com.br
www.expressaopopular.com.br
ed.expressaopopular
editoraexpressaopopular

SUMÁRIO

NOTA EDITORIAL

A Editora Expressão Popular foi agraciada, em 2015, com a cessão dos direitos para publicação das obras de Ana Maria Primavesi (a qual inclui contribuições de Artur Barão Primavesi e de seus filhos Odo e Carin). Um deferimento que nos desafia a lutar com domínio dos fatos contra o modelo agroquímico e de commodities que está em conflito aberto com quem se pauta pela defesa do "solo sadio, planta sadia, ser humano sadio".

Suas contribuições vêm desde inícios dos anos de 1950 até os dias atuais. Não seguiremos uma ordem cronológica nas publicações, isso pouco ou nada altera o resultado de sua laboriosa pesquisa e formato de exposição. O que mais importa é o resultado final que queremos deixar como legado aos nossos estudiosos e militantes da causa agroecológica.

Sua obra é um todo de pesquisa, militância e contribuição à causa da agroecologia. Sua força está no seu conjunto. Sua identidade está materializada em textos nas mais diferentes formas de defesa da vida do solo, das plantas e da humanidade.

Apesar de alguns terem sido formulados há 60 anos, eles conservam sua força e atualidade. Eles serão republicados aqui com revisões de texto, sem qualquer modificação em seu conteúdo ou formulação. Cada obra contém o registro da história daquele momento, o estágio da pesquisa e o debate realizado. Afinal, história é memória materializada em suas variadas maneiras: falada, escrita, vivenciada, celebrada.

Agradecemos à solidariedade de Ana Primavesi e de sua família pela cessão dos direitos de publicação. Criamos em nossa coleção de Agroecologia a "Série Ana Primavesi" que identificará as suas obras. Viva Ana Maria Primavesi, dos agricultores praticantes da agroecologia!

Os editores

APRESENTAÇÃO

Ao ter a oportunidade de ler o livro *Pergunte o porquê ao Solo e às Raízes*, pude constatar com grata satisfação que Ana Primavesi conseguiu resumir toda a sua obra de forma facilmente entendível e compacta, apresentando exemplos de problemas do campo e sua resolução, avaliando estruturas locais simples.

A autora inicia a obra reforçando os conhecimentos agroecológicos fundamentais para que se possa conduzir sistemas de produção eficazes, produtivos e lucrativos; procura chamar a atenção para os pontos ecológicos estratégicos que necessitam ser considerados tanto pela agricultura conservacionista quanto pela agricultura orgânica, bem como alerta sobre o problema do uso de pacotes tecnológicos prontos, recomendando que se estudem as estruturas (solo, raízes e biodiversidade agrícola e natural) que precisam ser bem conhecidas, avaliadas, corrigidas, combinadas, conservadas ou melhoradas para se obter êxito na atividade agrícola.

Este livro responde bem ao problema abordado por Yaneer Bar-Yam, em seu livro *Making Things Work*, que se refere ao aumento da complexidade das estruturas e processos dos ecossistemas antropizados, resultante da evolução da sociedade e da atividade humana. Segundo esse autor, para o gerenciamento eficaz dessa complexidade, não é mais suficiente organizar as atividades como em uma linha de montagem (como ocorre na agricultura convencional), mas é necessário um conhecimento multidisciplinar, sistêmico, em que a gestão não é hierárquica, mas flexível e colaborativa. A agroecologia segue este enfoque, copiando a natureza complexa.

E onde ocorre fracasso da visão linear com o uso da tecnologia agronômica atualmente praticada, Ana, em seus 99 anos de experiência de vida e 70 de profissão, conseguiu trazer de forma clara e simples o sucesso na agricultura, utilizando a visão integrada e sistêmica, ensinando onde medir, onde atuar, como atuar nessa gestão da complexidade agrícola atual, com exemplos práticos.

Odo Primavesi
Engenheiro agrônomo e pesquisador científico da Embrapa

PARTE I – INTRODUÇÃO

ECOLOGIA E O PROBLEMA SOCIAL – QUEM NOS SALVA?

No mundo inteiro a consciência ecológica despertou. A poluição dos rios, mares e ar, terras e alimentos já não é mais somente razão de baderna de alguns ativistas verdes, mas está começando a preocupar seriamente os povos e até os governos neocapitalistas.

A saúde humana é cada vez mais afetada não somente pelos resíduos tóxicos, mas também pelo baixo valor biológico dos alimentos, que não nutrem mais. A água doce no planeta diminui rapidamente, deixando os rios secos. A magnificação ou acumulação biológica dos venenos pulverizados nas lavouras toma formas inimagináveis, com aparecimento de compostos químicos tóxicos cada vez mais concentrados, em peixes, aves marinhas e camarões. Os oceanos, rios, poços e matas, além das geleiras nos cumes das montanhas e dos polos, estão poluídos. Os buracos na camada de ozônio são cada vez maiores, alcançando o tamanho de três vezes a área do Brasil sobre a Antártica, e de cinco vezes este tamanho sobre o Ártico, não filtrando mais a radiação solar (Crutzen, 1970). Atualmente ocorre a entrada de grande quantidade de raios ultravioleta, prejudicando homens, animais e plantas.

A cada ano são desertificados mais de 10 milhões de hectares de terras agrícolas em nosso globo. Em parte por causa da salinização, graças a uma irrigação sem maiores cuidados, em parte pelas queimadas frequentes dos pastos e campos, que resultam na falta de matéria orgânica nos solos e, consequentemente, em sua compactação, erosão e no escorrimento da água pluvial.

Somente no século XX, a temperatura do globo terrestre se elevou em média 1,5 °C, e em certas regiões em até 3 °C. Degelam os polos e as geleiras dos Andes e do Himalaia, e o clima torna-se cada vez mais irregular e extremo. Durante os últimos 50 anos, criaram-se riquezas fabulosas, saqueando os recursos naturais de nosso planeta, e isso foi chamado de "desenvolvimento econômico". Não existe mais muito tempo para recuperar as condições adequadas à vida da espécie humana. E se faltar a conscientização e continuar dominando a ganância, este século será o último em que ainda existirão condições de vida superior sobre a Terra. Nosso desenvolvimento está indo em direção semelhante ao destino de Marte, que algum dia também deve ter suportado vida e provavelmente foi sacrificado por um desenvolvimento tecnológico semelhante ao nosso. A tecnologia agrícola destrói os solos, os rios e a água doce no planeta. A mineração polui os rios e destrói as terras. As indústrias, os veículos automotores e a lavração do campo poluem, enriquecendo a atmosfera com muito mais gás carbônico do que ela pode suportar para garantir condições estabilizadas de vida, acentuando o poder do famoso "efeito estufa" de reter calor.

Esqueceu-se de que o ser humano somente consegue criar algo novo transformando algo já existente, que ele encontra na natureza. Ocorre somente a troca de um elemento natural por um civilizatório.

Todos os nossos melhoramentos tecnológicos atuais afetam o meio ambiente, ou seja, são antiecológicos porque destroem a natureza, sua estrutura, seus ciclos e sistemas e, com isso, as condições de vida superior sobre o globo, nossa nave espacial, comum a ricos e pobres.

Porém, o problema ecológico não tem solução enquanto existir o problema social. Em meados do século XX, existiam 25 milhões de famintos no mundo inteiro. Hoje, 50 anos depois, graças à agricultura de alta tecnologia, somam 842 milhões, sendo que morrem de *fome*, anualmente, 35 milhões de pessoas, apesar do progresso econômico (ou graças a ele), com seu efeito concentrador, que beneficia cada vez menos pessoas e sacrifica cada vez mais povos – os excluídos do sistema econômico.

Dizem que os ricos teriam de ter compaixão para com os pobres e famintos, fazendo campanhas de "cesta básica" ou de doações de roupa, ou até de casas. Mas esse não é o problema. Não são esmolas dadas pelos abastados por "compaixão" que as famílias pobres querem. Elas querem uma vida digna, querem ganhar a vida. Será que os mais eficientes em amealhar recursos financeiros simplesmente não são mais capazes de ver o que acontece ao seu redor? Será que eles estão tão cegos pelo dinheiro e tão aparvalhados pelo bem-estar que não conseguem mais compreender o que ocorre?

A miséria não é problema somente dos famintos, mas de *todo mundo*. Todos sabem que o que mais destrói o meio ambiente é a pobreza e a ganância. Na tentativa desesperada de conseguir algo comestível, destroem-se os solos e, consequentemente, os cursos de água que não se abastecem mais, exterminam animais, às vezes já raros, como tartarugas, capivaras, javalis, pacas e outros. Não são somente as madeireiras na mata amazônica que exterminam as árvores mais preciosas, como mogno (*Swietenia macrophylla*) e pau-brasil (*Paubrasilia echinata*), dos quais todo mundo fala e que os ricos ambicionam. Também os pobres e famintos da caatinga, região semiárida do Nordeste, exterminam suas árvores mais importantes, como os faveleiros e os umbuzeiros, estes últimos por causa das bolotas grandes de depósito de água e reservas alimentícias que carregam em suas raízes e que os ajudam a sobreviver à seca. Destroem os pastos fazendo de quatro a cinco queimadas por ano, para ter forragem para suas cabras, o que torna a vegetação cada vez mais rala, mais pobre e mais miserável, e os solos cada vez mais duros e mais secos, promovendo a "saarização", como José Guimarães Duque (1980), o maior estudioso dos problemas da seca no Nordeste, a denomina, porque a pouca chuva que cai escorre em enchentes, e o pouco que penetra na superfície do solo é levado pelo vento seco e permanente.

Enquanto sete em cada dez pessoas no mundo estão famintas, não existe conservação do meio ambiente: nenhum convênio internacional, nenhuma medida efetiva para manter o ambiente, nenhuma ação para proteger plantas e animais, porque contra a fome não existe proteção. *Ou acabamos com a fome ou a fome acaba com as condições de vida em nosso planeta.* E se a população mundial realmente se preocupa com sua sobrevivência, que nos últimos 50 anos foi posta em xeque, a primeira coisa que *todos* deveriam fazer é *combater a fome,* não por compaixão, mas por simples autoconservação, para assegurar a continuação de vida superior no planeta Terra.

Parece que a maioria das pessoas esqueceu que cidade alguma, seja grande, esplêndida e rica, pode garantir a vida. A vida vem do campo, da terra, do *solo* que produz nossos alimentos. E mesmo o mais rico gênio em informática que vive em mundos virtuais não escapa do fato de necessitar manter a sua vida por meio de alimentos produzidos em solos reais, regados pela chuva e pela água dos rios.

Salvar os famintos não tem nada a ver com compaixão, mas com razão, porque, queiramos ou não, a Terra é nossa astronave comum, de ricos e de pobres. E se ela afundar, afundamos todos juntos. Riquíssimos, ricos, abastados, pobres e famintos. Não há exceção nem salvação. *Ou todos ou ninguém.*

Ou será que os abastados e os políticos acreditam firmemente que podem sobreviver em plataformas espaciais, ou até mesmo em Marte, que eles procuram "terrificar" – criar condições de vida terrestre?

A tecnologia avançada expulsou a população do campo. Dos 75% a 80% que viviam no campo em 1950, restaram 2% nos Estados Unidos, 6% na Europa, 20% no Brasil e 45% na Rússia e, provavelmente, também na China. O restante da população foi expulso pela mecanização e pelos herbicidas. No hemisfério Norte, foi a indústria que os recebeu de braços abertos. No hemisfério Sul, as favelas. Não que faltassem alimentos. Num mundo em que 75% dos cereais e 80% da soja vão para a alimentação animal, não se pode acreditar que falte comida. O que falta é poder aquisitivo ou, como se diz atualmente, faltam educação e empregos para ganhar esse poder aquisitivo.

A previsão oficial da FAO (2014) é que haverá sempre mais famintos, sempre mais pessoas em miséria absoluta, sempre mais destruição ambiental. *É o fim da vida superior à vista.* Se em 50 anos conseguimos destruir tanto, será que a vida superior na Terra conseguirá sobreviver nos próximos 100 anos? Certamente não com a atual política neocapitalista globalizada, nem com reforma agrária ou sem ela.

Existe *um caminho,* mas somente um. Recuperar os solos (com cobertura vegetal adequada) para que produzam alimentos sadios, com o mais alto valor biológico. E esse valor existe somente quando as culturas estiverem sadias. Não somente livres de parasitas, graças ao uso de defensivos químicos, orgânicos ou de inimigos naturais. Plantas defendidas permanecem doentes, com baixo valor biológico, não importando o grau de toxidez do defensivo. Plantas sadias não são atacadas por pragas e doenças/patógenos e não necessitam ser defendidas. Deste alimento com elevado valor biológico, não se necessitam 3 ou 4 mil, ou até mesmo 6 mil quilocalorias por dia (kcal/dia), mas somente 800 a 1.000 kcal/dia. Quer dizer, com ⅓ de calorias e do dinheiro, ficamos bem nutridos – como provaram os alemães que, com uma ração de 800 kcal/dia que recebiam depois da Segunda Guerra Mundial, conseguiram reconstruir seu país e fazer dele a quarta economia do mundo.

Se, em vez de globalizar e obrigar todos a comer os mesmos alimentos, regionalizassem os alimentos básicos, plantando o que cresce mais fácil na região, a produção não somente se tornaria mais farta e bem mais barata, como também não necessitaria de transporte prolongado ou, como se diz, "de turismo de alimentos", barateando mais ainda o produto. Por ¼ do preço atual, uma pessoa poderia estar bem nutrida, saudável, forte e inteligente.

Seria preciso muito menos área para produzir alimentos e se poderia realizar reflorestamentos adequados. Por meio da proteção contra o vento, a produção dobraria. Com mais florestas, o clima melhoraria, as chuvas se tornariam outra vez mais amenas e mais frequentes, e a produção agrícola seria mais segura e estável.

E quando, finalmente, nos países tropicais se usar uma tecnologia tropical em lugar da de clima temperado, e, em vez de usar adubos, se cuidar do maior desenvolvimento radicular, as colheitas poderão aumentar até cinco vezes, como o arroz no Maranhão, em Madagascar e na Malásia, onde se colhem, sem um grama de adubo químico ou composto e sem um pingo de veneno, 16 t/ha e até mesmo 20 t/ha. Na Malásia, uma família de até 16 pessoas pode viver em um hectare de terra, não miseravelmente, mas bem nutrida, bem educada, com filhos formados até em universidades famosas. Mas o governo cuida para que o "valor biológico" dos alimentos seja elevado.

Com uma alimentação biologicamente completa, as pessoas serão mais sadias e mais fortes. E como *em um corpo sadio mora uma alma sadia*, serão mais amigáveis, muito menos violentas, recuperando também seus *valores* humanos e sua relação para com *Deus*. Em realidade, toda natureza e todo o nosso planeta não são dirigidos e organizados segundo as leis do capitalismo, mas segundo as leis divinas.

Somente com solo recuperado combate-se a miséria.

E somente com a miséria vencida controla-se o meio ambiente e se salva a vida superior em nosso planeta.

A ALIMENTAÇÃO NO SÉCULO XXI

Os alimentos, mesmo quando importados, provêm fundamentalmente da agricultura (exceto os peixes dos oceanos). E a agricultura convencional é orientada exclusivamente para a produção de lucros, com suas enormes monoculturas de soja, cana e milho.

A FAO constatou que, em 1700, a população mundial duplicava a cada 200 anos, em 1800, a cada 123 anos, e em 2000, a cada 12 anos. Não porque nasçam mais crianças, ao contrário, nascem muito menos, mas a mortalidade infantil foi radicalmente diminuída por causa da medicina. Isso significa que é preciso dobrar dez vezes mais rápido a produção de alimentos, empregos e moradias do que há 200 anos.

Mas a FAO constata, ao mesmo tempo, que, graças à tecnologia mecânico-química atualmente em uso, a área necessária para nutrir uma pessoa diminuiu em quase 50% de 1950 para cá, enquanto a área agrícola, graças aos desmatamentos, triplicou. Isso significa que poderíamos nutrir seis vezes mais pessoas enquanto a população mundial somente triplicou (de 2 para 6 bilhões). Mas não somos capazes de nutri-las.

O Brasil, que em 1950 se orgulhava de ter pobres, mas nenhum faminto, possui hoje 52 milhões de pessoas em miséria absoluta. Ou seja, passando fome.

E os alimentos que se produzem?

Para a alimentação de animais confinados, são destinados 75% do milho, 80% da soja e 60% da cevada, e a cana vai, principalmente, para a produção de álcool combustível. Seria ótimo se cada povo consumisse sua carne, seus grãos e seu açúcar. Mas não os consomem. Os grãos são exportados, indo para a Europa e os Estados Unidos, para nutrir frangos e bovinos confinados, para que depois se possam importar eletrodomésticos, peças de automóveis, computadores, adubos, produtos químicos e outros. E mesmo a Índia, com 1 bilhão de habitantes em uma área um pouco maior do que a metade do Brasil, exporta cevada para as granjas de porcos da Europa.

Atualmente, 80% de toda a produção mundial agrícola, de petróleo e de minerais é consumida por 20% da população mundial, a qual é igualmente responsável por quase 80% da poluição. São os países ricos ou do "primeiro mundo". E ainda existem países que não pertencem a este clube de seletos, mas que imaginam que todos poderiam chegar lá. Como?

Nos últimos 50 anos, bilhões de pessoas, ou exatamente 4,2 bilhões de pessoas, perderam suas terras ou seus empregos no campo graças às monoculturas e sua mecanização, ao uso de herbicidas e de transgênicos. Na Europa e nos Estados Unidos, os desempregados foram recebidos de braços abertos pelas indústrias, no Brasil, pelas favelas. O grande problema não é a falta de alimentos, mas a falta de poder aquisitivo, isto é, de empregos, que nunca vão existir porque a indústria não é nossa. As decisões, os novos desenvolvimentos e os componentes de alta tecnologia vêm de fora. A "mão de obra" de alta capacidade produtiva ou robótica é importada. Queremos tecnologia avançada, mas somente podemos dizer: "A poluição é nossa, o lucro é dos outros".

Constata-se que os países que investiram primeiro na agricultura e somente depois na indústria têm povos bem alimentados, com aprendizado rápido e ideias geniais, inventores da atual tecnologia. Os países que nem sequer investiram, mas "atraíram" indústrias de fora para ter o que os outros tinham, permaneceram "subdesenvolvidos" ou, para não desanimar, permanecem no eterno "em desenvolvimento", vivendo de investimentos estrangeiros, e são só consumidores das tecnologias. Por isso estão profundamente endividados e tudo o que fazem é fornecer mão de obra barata e trabalhar duro para poder pagar os juros das dívidas externas, eternos "escravos dos juros" presos a um ciclo de colonialismo e escravidão moderna, exportando especialmente matéria-prima ou produtos primários. Não compreendem que *a agricultura é a base de toda a vida, como também de toda a economia.*

Em nosso planeta existem 13 bilhões de hectares de terra, sendo mais ou menos 2,3 bilhões de hectares de uso agrícola ou pastoril, ou seja, entre 15% e 18%. Conforme a região, 24% a 30% ainda são florestas tropicais ou vegetação nativa (tundra), que ocupam cerca de 3,1 bilhões de hectares. Se, porém, o desmatamento continuar na velocidade atual, em 40 anos não haverá mais floresta nenhuma. Perderemos nossa biodiversidade, nossos "termostatos" ambientais, e ganharemos um clima com temperaturas extremas (muito frio ou muito quente) e vento permanente que baixará a produção agrícola à metade ou até ⅕ da atual, ou seja, perderemos nossos serviços ecossistêmicos essenciais para a vida.

Teoricamente, o Brasil poderia ainda desmatar 200 milhões de hectares para erradicar a fome. Mas a conta é irreal. Com a política de exportação, a produção a mais também seria exportada, bem como a produção não aumentaria, mas diminuiria. Atualmente, o vento (e o calor) já leva o equivalente a 700 ou 750 mm de chuva por ano. Quer dizer, uma região com 1.200-1.300 mm/ano/chuva, que é normal, se tornaria semiárida graças ao vento, restando somente 500 mm de água para a produção.

Diz-se que é preciso irrigar. Atualmente 480 milhões, isto é, aproximadamente 12% da população mundial, vivem de grãos produzidos em campos irrigados.

No vale do Rio São Francisco, 320 mil hectares, especialmente de fruticultura, são irrigados e 40 mil já foram abandonados por causa da salinização. Atualmente, no Nordeste, com cerca de 1,56 milhão de hectares, 44% da área, está em fase de desertificação mais ou menos avançada, por atividade humana predatória, como queimadas, superpastoreio de cabras, irrigação sem cuidados especiais, superadubação e aração profunda (Senna de Oliveira *et al.*, 2000). E quanto pior estiver o solo, mais rápida a desertificação e mais pobre a população. Quanto maior a pobreza, pior a destruição dos solos. Pode-se concluir que a pobreza destrói tanto ou mais que o agronegócio. A destruição dos solos faz a água doce desaparecer, e sem água não existe vida porque o ciclo da água encurta drasticamente.

Diz-se: "A bolsa está em alta, mas a Terra está em baixa", Vejamos os sinais:

Sinais ligados diretamente ao desmatamento
– florestas diminuindo;
– temperatura elevando-se (efeito estufa) e com grandes amplitudes térmicas;
– tempestades aumentando;
– geleiras descongelando (também os polos);
– oceanos subindo, acidificando-se e plâncton morrendo (menos oxigênio);
– buraco na camada de ozônio aumentando (mais luz ultravioleta incidente).

Sinais ligados à decadência dos solos (aração, adubos e monoculturas)
– solos adensados, compactando e erodindo;
– inundações aumentando;
– bios (e represas) secando e energia elétrica diminuindo;
– água potável escasseando;
– grandes áreas desertificando (mais de 10 milhões de hectares por ano);
– pragas e doenças vegetais aumentando, sinal ligado à redução do vigor e desenvolvimento radicular e ao uso de agroquímicos;
– valor biológico dos alimentos diminuindo;
– poluição ambiental (terra, água e ar) aumentando;
– magnificação biológica na cadeia alimentar;
– espécies animais e vegetais diminuindo e se extinguindo;
– doenças humanas e violência urbana aumentando.

Em suma: solo doente – planta doente – animal e ser humano doente.

Somente num corpo sadio mora uma alma sadia. Portanto, se o corpo estiver doente, a alma também estará. A violência urbana tem origem nos alimentos com valor biológico baixo. Portanto, os indianos dizem: "A violência urbana tem sua origem na decadência dos solos".

Quando o homem não somente explorar, mas também cuidar de seu solo, os alimentos terão valor biológico elevado, e as pessoas, mesmo com poucos alimentos produzidos por plantas bem nutridas, serão saudáveis e inteligentes, e o fantasma da fome não existirá mais.

Ame seu solo, e tenha certeza de que será o certo para nosso clima e qualidade de vida.

SOLO TROPICAL

Embora se fale de *ecossistemas* e de ecologia, são raras as pessoas que tiram conclusões a esse respeito. Normalmente elas pensam que se trata somente da conservação de uma espécie animal, como a do macaquinho mico-leão-dourado ou de uma planta, como a das orquídeas na Mata Atlântica ou, simplesmente, de uma árvore na praça de uma cidade. Também existem reservas ecológicas de mata ou de animais, como reservas de mata amazônica ou de mata atlântica, e de animais, como o Parque Nacional de Serengeti, no Quênia, ou o Kruger Park, na África do Sul.

Porém, o ecológico não diz respeito a fatores isolados, mas constitui sistemas. A conservação de uma espécie animal ou vegetal tanto pode ser como não ser ecológica. É ecológica quando se conserva o sistema, não é ecológica quando simplesmente se conserva a espécie para que nossos descendentes, um dia, ainda possam admirá-la em algum zoológico ou numa reserva. Isso não tem nada a ver com ecologia, mas somente com "lembranças históricas".

Ecológica é a perfeita harmonia dos fatores de um lugar (que em grego se chama *oikos*) e sua sincronização. Todos os fatores estão em permanente movimento, passando por determinados estágios, sendo o último estágio sempre o início de um novo ciclo. A dinâmica dos ecossistemas culturais (agrícolas e urbanos) sofreu uma adaptação menor ou maior ao impacto antrópico ou antropogênico, ou seja, a modificação pelo ser humano. Nenhum fator da natureza pode ser mudado ou extinto sem que todos os outros fatores do ciclo sofram uma profunda modificação, para atingir novo equilíbrio.

Somente para lembrar, seguem-se alguns ecossistemas, começando na zona polar Ártica com a tundra, seguida da taiga, que já é uma floresta aberta de coníferas; floresta temperada caducifólia; floresta mediterrânea; estepes (pampas, pradarias); desertos. Ou floresta tropical; savanas e cerrados; semiárido (ou semidesértico); ou os ecossistemas montanhosos, como os dos Andes, na América do Sul, e os do Himalaia, na Ásia.

Todos os ecossistemas são um conjunto de componentes abióticos e bióticos, como de solos, plantas, animais, clima (incluindo aqui a altitude). Quer dizer, o solo será aquilo que o clima e as plantas fizerem dele. O solo perde sua função se não estiver interagindo com plantas e clima. E as plantas serão o que conseguirem fazer do solo e do clima. E todos os três fatores têm de estar perfeitamente sincronizados.

É um pequeno absurdo supor que o solo tropical seja um solo de clima temperado, muito mais intemperizado, ou seja, decomposto pela ação do clima, muito mais pobre e, portanto, muito mais desfavorável para a agricultura do que o solo do clima temperado. Logo, o solo tropical necessitaria ser adaptado ao solo rico, de pH neutro, do clima temperado, o que quer dizer que o alumínio alto e o pH baixo têm de ser corrigidos, usando-se até 35 t/ha de calcário, como na Operação Tatu, dos anos 1970, bem como a pobreza mineral precisa ser eliminada, adubando-se com doses elevadas de NPK; os solos têm de ser mantidos limpos por herbicidas, uma vez que o "mato" cresce com muita rapidez e insistência, e as enormes quantidades de parasitas devem ser controladas por defensivos de alta toxidez.

Para isso, os cientistas de clima tropical têm de ser treinados para apreender toda esta tecnologia que faz os solos temperados produzirem melhor. Mas o problema é que o clima temperado é um ecossistema, e o tropical é outro, muitíssimo diferente. Também é pouco provável que Deus, quando criou os ecossistemas do mundo, tenha feito tudo certo nas regiões de clima temperado e tudo, absolutamente tudo, errado no clima tropical. E como Deus não erra, ele devia ser perverso para castigar os povos do clima quente com tantas desvantagens. Mas Deus não é perverso. Deus é imensamente justo e sábio e fez tudo exatamente como necessita ser para produzir bem. Prova é que a mata tropical produz em 18 anos o que a mata temperada produz em 100 anos, quer dizer 5,5 vezes mais. Mas quando o homem põe a sua mão na natureza com suas práticas de clima temperado, toda a exuberância some como por encanto, restando apenas miséria.

A conclusão lógica é: *a tecnologia agrícola de clima temperado não serve para o ecossistema de clima tropical*. O solo tropical tem de ser pobre para que as plantas consigam absorver água e nutrientes também durante as horas de maior calor. O solo tem de ter ferro e alumínio (além de matéria orgânica) para ser bem agregado, o que é importantíssimo para a penetração de água e de ar e, especialmente, o desenvolvimento das raízes, que têm de ter acesso aos nutrientes distribuídos pelo perfil do solo. Sabe-se que para a absorção de água e de nutrientes vale a "lei da osmose", quer dizer, a água sempre flui da concentração menor de íons para a concentração maior de íons. E se existirem mais íons nutritivos na água do solo, a raiz perderá água para o solo, em lugar de absorver água do solo. Isso porque nas horas mais quentes a fotossíntese baixa e a raiz recebe menos carboidratos (grupos carboxílicos, isto é, -COOH), o que dilui a concentração de substâncias dentro da raiz.

O solo tropical sempre tem de: i) ser protegido contra o impacto da chuva e o excesso de aquecimento; ii) receber suficiente matéria orgânica para nutrir os 20 milhões de microrganismos por cm^3 de solo (no clima temperado tem entre 1,5 e 2 milhões); iii) ser protegido contra o vento; iv) as raízes precisam ter toda possibilidade de se desenvolver de forma abundante, tanto para os lados, quanto para baixo, e, para isso, necessitam de um solo bem agregado, com suficiente boro e a presença de cálcio como nutriente; v) as variedades plantadas têm de estar adaptadas ao solo e ao clima e, quando necessitarem, é preciso adicionar os micronutrientes deficientes.

O solo tropical é 30 a 50 vezes mais pobre que o solo temperado por causa da baixa absorção durante as horas quentes do dia. Entretanto, o solo tropical é até 30 vezes mais profundo do que o solo sob clima temperado. Isso compensa não somente sua pobreza, mas possibilita uma produção até 5,5 vezes maior do que em clima temperado. A agregação por cálcio é suficiente em países onde boa parte das precipitações ocorre em forma de neve, mas é absolutamente insuficiente nos trópicos com seus torós. Aqui se necessita de agregadores bem mais potentes, como o alumínio e o ferro, que são cátions trivalentes. O uso de grandes quantidades de cálcio neutraliza o alumínio e, por isso, desagrega o solo (desde que não haja matéria orgânica no solo), tornando-o adensado e inóspito para as raízes. Enquanto no clima temperado o pH do solo oscila ao redor do neutro, nos trópicos está normalmente em torno de 5,6.

A fraca microvida do solo em clima temperado faz com que a decomposição da matéria orgânica seja muito vagarosa. E como o solo é rico em cálcio, forma-se "humo de reserva" (ácido húmico), a famosa matéria orgânica que todas as análises procuram e raramente acham em solos tropicais, a não ser em regiões mais frias, como de altitude. Durante o intenso frio, formam-se igualmente huminas, que são sais de ácidos húmicos e que podem durar até 3 mil anos (Kononova, 1961). Tanto humo como huminas aumentam drasticamente a CTC (capacidade de troca de cátions) dos solos. O professor em edafologia, Vageler (1930), disse: "Nos trópicos, o humo não existe ou ele é incolor, porque não consegue dar cor aos solos". E praticamente não existe por causa da reciclagem muito rápida da matéria orgânica (de 5 a 50 vezes mais rápido). Isso significa que nos trópicos não existe estabilidade de grande quantidade de nutrientes como conhecida nos solos de clima temperado. Tudo está em rápida movimentação. Cerca de 80 a 90% dos nutrientes encontram-se na biomassa, com reciclagem muito rápida, enquanto no solo sob clima temperado, 80% dos nutrientes encontram-se na fração mineral do solo e somente 20% na biomassa.

Tabela 1 – Diferença entre solo de clima temperado e tropical

TEMPERADO (Receitas)	CLIMA	TROPICAL (conceitos)
Esmectita – muita sílica	ARGILA	caolinita – muito alumínio
500 a 2.200 $mmol_c$ /dm3	COMPLEXO DE TROCA CATIÔNICA (CTC)	10-70 $mmol_c/dm^3$
Elevada	RIQUEZA MINERAL	baixa
Por cálcio (Ca^{2+})	AGREGAÇÃO	por alumínio (Al^{3+}) e ferro (Fe^{3+}) oxidados
Correção do solo pH 6,8-7,0 Saturação CTC até 80%	CÁLCIO	nutriente pH 5,6-5,8 saturação CTC 25-40%
2 milhões/g ativos até 25 cm	MICRORGANISMOS	15-20 milhões/g ativos até 15 cm RECICLAGEM DA MATÉRIA ORGÂNICA
3,5-5,0% Decomposição lenta Ácido húmico e humina	HUMO	0,8%-1,2% Decomposição muito rápida Ácido fúlvico (lixivia)
12 °C	TEMPERATURA ÓTIMA	25 °C
Fraca	INSOLAÇÃO	Forte
Somente pela VEGETAÇÃO	EVAPORAÇÃO DA ÁGUA	Especialmente pelo aquecimento direto do solo
Pouco intensas, Parte em neve	CHUVAS	Muito intensas Compactam o SOLO
LIMPO p/ captar calor	CONDIÇÃO DO SOLO	PROTEGIDO contra o calor e o impacto da chuva
PROFUNDO p/ animar a vida e aquecê-lo	REVOLVIMENTO DO SOLO	MÍNIMO para não animar a vida do solo
DE MASSA	TECNOLOGIA AGRÍCOLA	DE ACESSO

Fonte: Primavesi (1980)

A imensa quantidade de micróbios, tanto bactérias como fungos, na camada superficial do solo também produz uma enorme quantidade de antibióticos que, lixiviados pela chuva, se acumulam abaixo de 15 cm de profundidade, tornando o solo quase estéril. Essa camada, quando revolvida à superfície, é instável ao impacto das chuvas. Os ácidos húmicos que se formam nos trópicos (no caso, os ácidos fúlvicos presentes em ambiente ácido e com menos cálcio, em sua maior parte, permanecem solúveis em água e, quando lavados pela chuva, arrastam consigo íons nutritivos, quer dizer, eles empobrecem o solo em lugar de aumentar a saturação em bases da CTC. Isso significa que o solo tropical tem todos os seus fatores orientados para manter uma baixa concentração de íons.

Por outro lado, nos países de clima temperado existe a possibilidade de acumular água no solo durante um ano, mantendo-o lavrado e rigorosamente sem vegetação. Isso porque lá o clima é tão frio que o solo se aquece no máximo até 14 °C, e a água se perde somente pela transpiração das plantas. Nos trópicos, o solo pode se aquecer até 74 °C, e a perda por evaporação direta é muito maior que pela transpiração das plantas. Portanto, a umidade se conserva melhor em solo coberto pela vegetação do que em solo limpo e exposto. Além disso, as chuvas tropicais destroem os agregados da superfície do solo pelo enorme impacto e logo formam uma crosta superficial por dispersão e reacomodação e adensamento de partículas sólidas, além de uma laje dura subsuperficial. Isso por meio da iluviação da argila dos agregados destruídos que se acumulam sobre a soleira (zona de arrasto) de arado, de grade ou de enxada rotativa, e entopem os macroporos. Nesse solo, sob clima temperado, o revolvimento profundo foi o passe de mágica para aquecer o solo frio/congelado no início da primavera, a fim de se poder plantar batatinhas e outras raízes, além de animar a vida do solo para decompor o excesso de matéria orgânica. Por isso é chamada de lavração de "mobilização" do solo. Nos trópicos, além de não ser necessário o aquecimento do solo, esse sistema anima a vida de forma demasiada, resultando numa decomposição explosiva da matéria orgânica, com liberação, duas horas mais tarde, de uma nuvem densa de gás carbônico, que contribui para a contaminação da estratosfera e para a intensificação do "efeito estufa". Portanto, o revolvimento do solo deve ser o mínimo possível (Papendick, 1996).

Todo ecossistema de clima temperado é orientado para a acumulação de nutrientes na camada rasa de seus solos, disponibilizando o máximo de nutrientes para as plantas que, em cinco ou seis meses, têm de nascer, crescer e produzir, apesar de em solos frios ocorrer menor absorção. No ecossistema tropical, o maior problema é o calor e a consequente evaporação rápida de água. Mas em seus solos profundos, abaixo de 50 cm, a temperatura geralmente não aumenta, e a quantidade de água à disposição é maior, pelo menos sob condições normais. E como durante as horas de maior calor a fotossíntese diminui, porque as plantas fecham parcialmente seus estômatos, uma concentração maior de íons no solo faria as plantas perderem água para o solo (seca fisiológica) em lugar de poderem absorvê-la (Müller, 1973). O ecossistema tropical é justamente o adequado para o clima quente, mostrando a vegetação nativa luxuriante com sua enorme produção de massa vegetal.

Entretanto, como os agricultores vieram de Portugal, Itália, Alemanha, Polônia, enfim, de regiões europeias de clima temperado, eles acreditavam que seu sistema era o mais adequado e destruíram os solos tropicais, nunca conseguindo colheitas elevadas com sua mania de revolver o solo profundamente e de colocar o máximo de nutrientes à disposição das culturas. É a *tecnologia de massa,* que faz uso de grande quantidade de nutrientes. Quanto maior a sua quantidade, melhor, mais fértil seria o solo. Porém, segundo Scheller (*apud* Scharrer e Linser, 1966), mesmo em solos europeus, existe uma mobilização de nutrientes por micróbios, geralmente ignorada. Assim, por exemplo, nos últimos 20 anos, os valores de potássio (K^+) necessários para uma colheita elevada de beterraba-açucareira reduziram-se à metade em solos não adubados. Porém, com ou sem aplicação de K^+, os rendimentos permaneceram iguais, tendendo a subir, mesmo sem adubação potássica.

Nos trópicos, não é a massa de nutrientes acumulada em pouco volume de solo que faz produzir, mas a quantidade de solo à disposição das raízes, e que depende da vida aeróbia intensa do solo e de seu estado e grau de agregação. É a *tecnologia do acesso* (Bunch, 2001), na qual a raiz necessita ter a possibilidade de alcançar os nutrientes e a água, distribuídos no perfil profundo do solo. A mesma quantidade de adubo distribuída para quatro volumes de solo produz três vezes mais que quando concentrada em um volume de solo (Primavesi, 1980). Quanto maior a raiz, maior a produção. O solo tropical não é "fértil", segundo parâmetros estadunidenses ou europeus. Ele é produtivo quando sua vida é manejada adequadamente, não necessitando de fertilização, mas de vivificação, animando sua vida pela quantidade suficiente de matéria orgânica diversificada e, certamente, sem deficiência aguda de algum nutriente essencial e água, além de ar.

O ecossistema tropical é exatamente do que as plantas necessitam em clima quente para produzir. E, em princípio, o ecossistema tropical é muito mais produtivo que o temperado. Somente exige respeito de suas condições. E estas são:

1. muita matéria orgânica diversificada. Milho ou trigo ananicado não servem para os trópicos. Deve existir material orgânico mais resistente à decomposição rápida, como de leguminosas arbustivas ou gramíneas;
2. a proteção permanente do solo contra insolação e o impacto das chuvas, seja por plantio adensado, cultivos consorciados, *mulch* (ou cobertura morta, como no plantio direto na palha), seja por manejo de invasoras ou uso de lonas plásticas;
3. lavração mínima ou plantio direto para conservar a camada agregada e macroporosa na superfície do solo;
4. variedades adaptadas ao solo e ao clima, com o fornecimento de micronutrientes deficientes;
5. fornecimento de boro se as raízes não se desenvolverem;
6. renques para proteção contra o vento e brisas.

PERGUNTE A SEU SOLO – COMO PRODUZIR MAIS E DE FORMA MAIS SEGURA

O enfoque holístico do solo no contexto da natureza

Por causa da vida urbana, longe da natureza, o ser humano perdeu suas raízes, todas elas: a ligação com o solo, com a natureza, com Deus, com a família, com o povo e com a pátria, e substituiu-as por dinheiro, sexo e consumismo. No mundo inteiro, os seres humanos tornaram-se uma massa amorfa.

Todos os governos procuram apenas o crescimento econômico do produto interno bruto (PIB), não se dando conta de que toda, mas absolutamente toda a economia se liga, de uma ou outra maneira, à agricultura, à produção agrícola, enfim, ao solo. Mesmo a indústria automobilística depende do solo ao usar borracha e algodão para os pneus; sem pneus nenhum carro pode rodar. E os computadores servem para facilitar a economia mundial, que, no fundo, depende do solo. Ninguém compraria copos de cristal se não houvesse vinho para colocar dentro deles.

Não é somente a economia, mas também a saúde e a inteligência humana que dependem do solo, ou seja, do alimento que recebem dele. O número de hospitais aumenta assustadoramente porque os alimentos não conseguem mais manter a saúde. Os indianos dizem: "Solo doente – planta doente – ser humano doente", e até perguntam se a violência urbana não teria sua origem nos solos decaídos. A pergunta não é tão absurda, já que os antigos romanos diziam: "Somente em um corpo sadio mora uma alma sadia" E os corpos deixaram de ser sadios por causa dos alimentos oriundos de plantas doentes, apesar de limpas/livres dos parasitas, graças ao efeito dos defensivos. Tanto faz se eles são químicos, orgânicos ou biológicos, os alimentos permanecem com um baixo valor biológico. Nos Estados Unidos, três entre quatro pessoas procuram regularmente o psicanalista. As almas estão doentes. E a alma doente pode se perder na depressão, apatia ou explodir na violência.

Os governos também não se dão conta de que a economia existe para criar o bem-estar do povo, e não somente fornecer um lucro satisfatório para as empresas multinacionais e globais. Chamam ao aumento de capital de *progresso*, o qual sacrifica absolutamente tudo. O homem é despido de sua dignidade e reduzido a um simples "recurso humano". Na "agricultura de precisão", o solo é considerado simples substrato morto que se trabalha com tratores guiados por satélites e cujos computadores fazem a análise química e da umidade, adubando com NPK e indicando a irrigação. Mas, de fato, não é um substrato morto como na Lua, mas um ser vivo. E sem vida, não funcionam as delicadas inter-relações que ligam toda a natureza como uma teia.

O solo é nossa base vital e de toda a vida em nosso globo. Sem ele não existiria *natureza*, nem meio ambiente. Ele influi em tudo: no caudal dos rios, que secam quando o solo perde sua macroporosidade superficial; nos oceanos, que devem receber dos solos sua matéria orgânica para a vida do plâncton, que, além de nutrir peixes pequenos, é o maior fornecedor de oxigênio de nosso planeta – oxigênio que também vai formar a camada de ozônio, permitindo, assim, a vida nos ambientes terrestres. Do solo, o ar recebe gás carbônico, produzido pelos microrganismos durante a decomposição dos restos vegetais, e que as plantas em seguida utilizam para sua fotossíntese, por meio da qual transformam a energia livre do sol em energia química, em matéria, ou seja, em compostos orgânicos.

As plantas que vivem com suas raízes no solo, expiram oxigênio pelas folhas, e muitos acreditam que a mata amazônica seja o "pulmão do mundo", mas em realidade ela é um grande termostato, estabilizador de temperatura ambiental, reduzindo as grandes amplitudes térmicas. Porém, com a maior parte das florestas derrubadas e o reduzido uso de gás carbônico pelas culturas agrícolas (comparado com a mata), até a estratosfera sofre com o famoso "efeito estufa" intensificado, responsável pelo aquecimento antinatural da Terra. E, conforme Papendick (1996), cada aração do solo, especialmente no tropical, induz à decomposição explosiva da matéria orgânica, que provoca, duas horas mais tarde, uma nuvem de gás carbônico sobre o campo, a qual se eleva, contribuindo para o efeito estufa intensificado, assim como a combustão de derivados de petróleo por automóveis.

A AGRICULTURA

Em princípio a agricultura é o manejo da natureza. Por sua vez, a natureza não é um amontoado de fatores e partículas de fatores isolados, mas um conjunto de sistemas, composto de ciclos. Tudo é dependente, interdependente e relativo.

Ecossistemas não são somente os naturais, como selvas ou pampas, mas também os agrícolas, embora bastante simplificados, criados pela agricultura.

Se algo parecer muito complicado, é porque o enfoque fatorial o complicou. A natureza em si é incrivelmente simples. Porém, são os inúmeros sintomas que confundem e tornam tudo difícil. Por exemplo, aparecem erosões, enchentes e inundações e se constroem curvas de nível, caixas coletoras de água e murundus para evitar a erosão. Treinam-se especialistas nos Estados Unidos para combater as inundações. Retificam-se os rios, constroem-se enormes barragens e diques e, mesmo assim, o efeito é pequeno. Os rios e poços secam, e a água potável diminui perigosamente em nosso globo, embora esteja chovendo mais. Na Europa já se importa água potável da Finlândia, e nos Estados Unidos, do Canadá.

Neste século, já se estão prevendo guerras por causa da luta acirrada pela água, tanto para o consumo humano quanto para a irrigação e a produção agrícola. Constroem-se milhares de açudes, abrem-se poços artesianos e montam-se fábricas para a dessalinização da água marinha. O mundo entra em pânico. Mas a causa da falta de água potável nada mais é do que a falta de macroporos, estáveis à ação da água, na superfície dos solos. Encurtou-se drasticamente o ciclo da água. Com matéria orgânica na superfície do solo e a proteção do solo contra o impacto das gotas de chuva, consegue-se restaurar e conservar sua porosidade e garantir a infiltração da água para os níveis subterrâneos. Por isso, luta-se também pela cobertura florestal nos mananciais dos rios para proteger essa área de infiltração.

Embora se assegure que o maior aquífero do mundo, o Guarani – que se encontra entre Botucatu/SP, Paraguai e o Chaco, do norte da Argentina, incluindo toda a bacia do Pantanal e dos rios Paraná e Uruguai –, possa abastecer São Paulo e Rio de Janeiro, já existem duas preocupações. A primeira é que a região de "recarga" deva ser protegida contra a compactação/impermeabilização dos solos. A segunda é que esta área de recarga não seja plantada com cultivos agrícolas que usam elevadas quantidades de NPK e agrotóxicos, inutilizando toda a água por contaminação. Também esse aquífero depende da *infiltração*, isto é, da porosidade do solo. Certamente, se o solo for poroso e permeável para a água da chuva, o ciclo de água poderá se completar de novo, fazendo voltar os poços, as fontes e os rios.

A natureza é organizada em ciclos e sistemas. Ciclos sempre são dinâmicos. Passa-se de estágio para estágio até chegar ao último, que ao mesmo tempo é o primeiro estágio e o ponto de partida de um novo ciclo. Por exemplo, o ciclo da água: a água se evapora do oceano, forma as nuvens que caem em forma de chuva, a água se infiltra no solo e alcança o lençol freático. Nesse momento, os poços são abastecidos, nascem fontes e vertentes, que fomentam os rios em forma de afluentes, e estes, finalmente, levam a água novamente para os oceanos, dos quais se evapora outra vez. Existe também uma ciclagem local na Amazônia, onde as árvores absorvem e transpiram a água, que forma nuvens e que faz chover todos os dias. Mas o ponto crucial é sempre a *infiltração da água no solo.* Antigamente, rio era definido como um "fluxo de água permanente". Agora, adaptando-se a definição aos rios secos e às enchentes, define-se o rio como "uma depressão no terreno onde corre água quando chove". É o início da desertificação. E, enquanto se considerar fator por fator isoladamente, não existirá controle e combate. Somente o restabelecimento dos ciclos permite controlar a água doce em nosso globo.

A POLUIÇÃO

Oceanos, polos e geleiras estão poluídos com agrotóxicos. Durante a aplicação desses produtos, evaporam-se ao redor de 40% e, quando realizada pela aviação agrícola em dias quentes, pode chegar até a 60%. Essa água, com veneno, vai para as nuvens e volta à Terra com as chuvas ou a neve. Assim, ursos polares, pinguins e baleias possuem agrotóxicos em seus corpos, especialmente na parte adiposa, e têm seus sistemas nervosos afetados. Portanto, diz-se que somente é possível certificar para os consumidores que um alimento foi *produzido sem uso de agrotóxico,* mas não se pode certificar que o alimento esteja *sem agrotóxico.* Isso já não existe mais.

Na atmosfera produziu-se um "buraco" na ozonosfera pelo uso dos CFCs (clorofluorcarbonos) do ar-condicionado, das geladeiras e freezers ou dos sprays. Eles evaporam, sobem à estratosfera, ligam-se com um oxigênio do ozônio (O_3), reduzindo-o a oxigênio comum (O_2), não sendo mais capaz de proteger a Terra contra a entrada ilimitada de toda a luz ultravioleta. Esta radiação em excesso, além de trazer diversos problemas para a saúde, mata o plâncton, maior produtor e fornecedor de oxigênio, o verdadeiro "pulmão" de nosso planeta.

A destruição global é chamada *progresso* por ser feita com alta tecnologia. O problema resulta do enfoque simplificado e reducionista da natureza, inclusive do homem, pela atual ciência, que considera mais fácil ver somente fatores ou somente suas frações, que podem ser "limpos" de todas suas inter-relações naturais por meio da análise estatística, a fim de que se ajustem perfeitamente a fórmulas matemáticas. Parece perfeito, mas *não é real*. A realidade como se nos apresenta é outra. Real é a íntima interligação entre todos os fatores que, além de serem organizados em ciclos, possuem seus opostos, como, por exemplo, cromossomo x anticromossomo, matéria x antimatéria, dia x noite, luz x sombra, raso x profundo, ao nível do mar x altitude, calor x frio, chuva x seca, floresta tropical x deserto, com x sem, excesso x deficiência, compactado x poroso, ácido x alcalino, e outros.

Até o ser humano foi arrancado de sua interligação socioambiental, sendo considerado um "objeto" isolado da família, da sociedade, da natureza, que necessita ser treinado e profissionalizado para se tornar um bom recurso humano na produção de lucros.

O solo é reduzido a um substrato morto; as florestas estão sendo derrubadas para "aumentar as fronteiras agrícolas", sem consideração de sua ação como termostato e como redutoras da ação dos ventos. O vento e a brisa constante entram e podem levar anualmente até o equivalente a 750 mm de chuva. Quer dizer, se uma região possui um regime pluviométrico de 1.200 mm/ano, restam somente 450 mm para a produção vegetal, de modo que mesmo regiões bem providas de chuva se tornam semiáridas.

BIODIVERSIDADE

Existe uma enorme diversidade de plantas nas regiões tropicais – na Amazônia existem em torno de 400 mil espécies – para garantir não somente o uso máximo da radiação solar incidente em cada metro quadrado de solo, mas também para garantir a máxima diversidade de vida dentro do solo. Quanto mais espécies de plantas há acima do solo, maior é a diversidade de micróbios e insetos dentro do solo, que vivem dos resíduos vegetais ou comem e são comidos numa cadeia ou teia ou pirâmide alimentícia. Assim, ninguém sofre fome, mas também nenhuma espécie pode se multiplicar explosivamente. Quanto maior a diversidade de plantas, maior a diversidade dos micro e mesosseres no solo. Estes, por sua vez, mobilizam o máximo de nutrientes para as plantas. Aqui não é preciso procurar "o inimigo natural" porque todos controlam todos e qualquer parasitismo é excluído. O inimigo natural somente interessa quando o equilíbrio for destruído, o solo for explorado unilateralmente em minerais nutritivos e as plantas estiverem mal nutridas e "doentes". Para que exista a mais alta diversificação dentro das espécies e o maior número possível de variedades, é necessária a multiplicação sexuada em comparação à multiplicação assexuada ou vegetativa, por ramos, folhas, brotos, gemas, cultura de tecidos. Assim, ela aumenta em muito a possibilidade da ocorrência de seres diferentes em uma mesma espécie, de modo que um ou outro indivíduo sempre se adaptará a uma nova situação ambiental, por vezes adversa. Isso garantiu a sobrevivência das espécies ao longo dos milênios. Nada é estável, tudo está em constante movimento, modificando-se e adaptando-se.

Durante os dez milênios em que o homem se dedicou à agricultura, foram criadas milhares de variedades diferentes, adaptadas ao solo e ao microclima. Assim, existiam cerca de 100 mil variedades de arroz, 10 mil somente na Indonésia. Os híbridos a reduziram a sete. Existiam na China 14 mil variedades de soja, atualmente são seis. A Turquia possuía 1.200 variedades de linho, hoje existe um híbrido. O Peru tinha 1.400 variedades de batatinhas, hoje não chegam a 100.

Um exemplo de variedade adaptada é o do nosso antigo trigo "frontana" plantado em Bagé (RS), num solo ácido com até 25 milimóis de alumínio. Este trigo desenvolvia-se bem sem adubo mineral. Naquela época, exigia-se um peso hectolítrico de 80 a 85 das sementes. As variedades atuais de trigo necessitam de adubos minerais e de defensivos, não crescem mais que o frontana e conseguem um peso hectolítrico de somente 74 a 76, quer dizer, fornecem um grão de qualidade muito inferior.

A tecnologia está diminuindo drasticamente a biodiversidade, não mais possibilitando variedades adaptadas ao solo e ao clima em que se produziam sem uso de adubos químicos e de defensivos. As variedades atuais, muitas vezes híbridas, somente são adaptadas a altas doses de NPK e herbicidas muito tóxicos que substituíram a capina ou cultivo mecânico, que ainda rompiam o encrostamento superficial e permitiam o melhor arejamento do solo, exigindo, portanto, o uso de todo o pacote tecnológico para poder produzir. E se existem variedades estocadas em *bancos de germoplasma* para proteger genomas naturais contra o desaparecimento, estas variedades, forçosamente, necessitam ser plantadas de vez em quando para manter sua força germinativa. Mas não se considera que o plantio em condições diferentes, por exemplo, de batatinhas do alto dos Andes do Peru replantadas no México, logo se adaptarão às novas condições e não representarão mais o material genético colhido no lugar de origem. O mesmo acontece com plantas retiradas da mata amazônica ou de alguma região semiárida. Em cada replantio em que o processo de reprodução sexuada é utilizado, as variedades mudam e o genoma original se perde, porque ocorre a adaptação à nova realidade.

VARIEDADES GM OU TRANSGÊNICAS

A multiplicação das plantas por clonagem ou por apomixia, ou por outra forma de propagação assexuada, exclui qualquer adaptação a modificações de clima e de solo. As colheitas de plantas rigorosamente iguais, proporcionam um lucro maior às fábricas de beneficiamento e de processamento. Mas essas plantas perdem a possibilidade de adaptação às mudanças ambientais. Assim, dependem exclusivamente do ser humano e de sua capacidade de criar novas variedades em tempo hábil, para atender às suas necessidades ou à possibilidade de ele desenvolver uma tecnologia cada vez mais sofisticada para poder criar essas culturas em um ambiente completamente artificial. Certamente, para contornar em parte esse problema de falta de adaptabilidade, lança-se mão de plantios multiclonais, como no caso do eucalipto, ou de porta-enxertos diferentes, como no caso de citros. O custo de produção dos alimentos explode e provavelmente não contribui para diminuir a fome no mundo, que é quase exclusivamente resultante da falta de poder aquisitivo.

As variedades transgênicas (ou GM = geneticamente modificadas) são a última e desesperada tentativa de uma ciência fatorial de dominar a natureza. Nenhuma planta transgênica é adaptada ao meio ambiente. E sabe-se que a produção é resultado da interação genoma x ambiente. Criam-se genomas estranhos à natureza (ao ambiente) na tentativa de se conseguirem maiores lucros.

Assim, a *soja RR* (Roundup Ready), resistente ao herbicida, teve arrancados 8% dos seus 20 cromossomos (isto é, 1,6 a 2 cromossomos), que foram substituídos por: i) genes do EPSP do *Agrobacterium radiobacter;* ii) frações de cromossomos de petúnia (CTP); iii) frações de cromossomos do *Agrobacterium tumefaciens* (NGS-3) – em princípio, proibido para cereais por provocar tumores – para poder inserir seu próprio DNA; iv) frações de vírus do mosaico (P.E.355) da couve-flor.

Essas partículas de cromossomos são implantadas com ajuda do *parcelgun*, ou espingarda de partículas (não de genes) (Padgette *et al.*, 1995). Portanto, pelo menos no caso da soja, não se implantam genes, mas frações de cromossomos, e cada cromossomo pode ter milhares de genes. Não se sabe exatamente de onde arrancam os cromossomos nem onde os implantam. E mesmo se soubéssemos, não teria existido lugar apropriado no DNA (ácido desoxirribonucleico) da soja. Lembrando que os genes são trechos do DNA, dupla hélice de *bases* nitrogenadas purínicas (adenina, guanina) e pirimidínicas (citosina, timina) unidas por pontes de hidrogênio, e que dão início à fabricação de diferentes proteínas.* Existem milhões de combinações dessas quatro bases dentro de cada molécula de DNA, organizadas em padrões dos mais variados e que são diferentes em cada indivíduo, seja ele homem, animal ou planta. Por isso, o DNA é considerado a "impressão digital genética" de cada indivíduo. Mas esta organização de bases de cada gene depende dos outros genes presentes, especialmente dos que o ladeiam, e do meio ambiente em que se encontra. Portanto, não é uma coisa fixa, mas relativa, como tudo na natureza.

---

* Este mecanismo citado utiliza-se do bombardeamento de partículas de cromossomas, usando um "canhão de genes". Já existe um método mais controlado, que é o da reação em cadeia polimerase (PCR), além das técnicas de DNA recombinante e de DNA complementar.

Os genes não são ocasionalmente amontoados por si mesmos, mas existem em sequências determinadas, os SSR (*simple sequence repeat*). Cada vez que há repetição de uma sequência, dão-se as estruturas ou *marcadores*, os SNP (*single nucleotide polimorfism*), que têm forma característica. Assim, a soja tem em média 6,5 milhões de bases em cada um de seus 20 cromossomos. O que a soja vai fazer com o monte de genes que foram implantados ninguém sabe, especialmente porque todas as plantas possuem uma "memória genética", lembrando-se exatamente de seu DNA, da sequência de seus genes e de sua dependência dos outros. Além disso, genes são códigos escritos em fórmulas químicas. Eles mesmos não fazem nada. Eles somente são um programa que pode ser executado se existir matéria-prima para tal e se houver equilíbrio entre as reações e substâncias químicas produzidas.

O maior problema, porém, não é o genético. Por exemplo, a soja RR suporta um Roundup muito tóxico, capaz de matar até 100 diferentes plantas nativas, os chamados inços ou invasoras. Mas cada planta nativa indica alguma situação ou problema que essa planta deve corrigir. Assim, por exemplo, o amendoim-bravo ou leiteirinha (*Euphorbia heterophylla*) indica a deficiência de molibdênio no solo. O Roundup certamente mata a leiteirinha, mas a deficiência continua e se agrava com cada plantio consecutivo, até chegar ao ponto em que a soja não consegue mais produzir, e a terra é abandonada. Ou a guaxuma, uma malva (*Sida rhombifolia*) que aparece em solos com uma camada muito adensada pouco abaixo da superfície. Pela aração pode-se romper ou pulverizar essa camada, mas nunca agregá-la. A agregação das partículas sólidas da terra é um processo químico-biológico, e não mecânico. Uma ou duas chuvas criarão esta laje ou "*pan*" novamente, e até mais dura e mais espessa. O Roundup certamente consegue matar a guaxuma, mas não consegue sanar a situação. A laje permanece, aumenta, adensa-se mais, até que as raízes da soja, mesmo com irrigação diária, não conseguem mais penetrar, e o solo se torna impróprio ao plantio. Portanto, a soja RR somente está encobrindo, mas não removendo situações críticas. Matam-se os mensageiros para não se ouvir ou ver suas mensagens. É a política de avestruz.

A situação com as variedades Bt (*Bacillus thuringiensis*) é semelhante. E já existem ao redor de 40 espécies de culturas agrícolas transgênicas com Bt. Neste caso, insere-se um gene do *Bacillus thuringiensis* nas plantas, o qual produz proteínas tóxicas que matam todas as lagartas que tentam comer as folhas. Essas proteínas, além de serem produzidas nas folhas e não desaparecerem em nenhuma fase de vida da planta, são formadas também nos pólens e sementes. Como os pólens voam pelo ar, podem matar insetos que nada têm a ver com parasitismo e causam alergias em muitos consumidores. Mas essa é uma faceta à parte. A planta, quando atacada por um parasita a ponto de causar dano econômico, sempre está deficiente em um ou mais nutrientes minerais e não consegue terminar o processo de formação de substâncias complexas (proteínas, açúcares e outros) para a qual é programada geneticamente. As substâncias semiacabadas circulam na seiva e se "oferecem" aos parasitas, que atacam a planta, já que constituem uma "sopa" nutritiva para eles. Portanto, a planta está doente antes de ser parasitada. Há uma sabedoria veda (de 4 mil anos) que diz: "Se pragas invadem seus campos, elas vêm como mensageiros do céu para avisá-lo que seu solo está doente".

O problema está no solo, com seu desequilíbrio ou deficiência mineral, e seus adensamentos e consequente "redução" de nutrientes (inclusive a perda de oxigênio), causando deficiência na planta. A planta está doente *antes* de o parasita atacá-la, e permanece doente mesmo se o parasita for morto. Nesse sentido, o gene Bt não sana a situação e não nutre a planta de uma forma melhor, somente mata o parasita, encobrindo uma situação em que a planta é incapaz de formar suas substâncias. Ela possui um valor biológico cada vez mais baixo e, finalmente, nem as proteínas tóxicas causadas pelo gene Bt resistem mais aos parasitas. A planta está doente demais. De modo que, nos

Estados Unidos, já em muitas lavouras com variedades transgênicas Bt, usam-se novamente defensivos.

Assim, o maior problema dos transgênicos é que encobrem situações críticas para a produção vegetal, geradas por uma tecnologia antinatural, numa última e desesperada tentativa de salvar este tipo de tecnologia (sem considerar aspectos ecológicos vitais envolvidos) por mais algum tempo, e para depois depararmos com: i) uma decadência do solo quase irrecuperável; ii) vegetais reduzidos a umas poucas "variedades artificiais", diminuindo drasticamente a biodiversidade, incapazes de se adaptar e condenadas a desaparecer; iii) produção de alimentos de baixíssimo valor nutritivo.

Vale a pena?

É preciso considerar que não são os *genes* que dão ao homem, animais e plantas suas características. Genes são somente *códigos*, ou seja, programas que determinam como o ser vivo deve utilizar os minerais que recebe do solo e da água. É o solo que determina quais e quantos minerais o ser vivo recebe para executar seu programa genético.

Recentemente foi descoberto que com *zinco* é possível recuperar crianças que eram consideradas "deficientes mentais" incapazes de aprender, como foi feito na China. Com *selênio* recuperam-se músculos fracos, mesmo se o problema for "genético" na família.

Com mais *manganês*, um cachorrinho da raça pequinês – com ossos fracos e tortos, um bichinho de que se tem dó e que se gosta de pegar no colo – pode se desenvolver normalmente, resultando em um cachorro bem maior e forte.

Cordeiros nascem paraplégicos ou, como se diz, "com trem traseiro paralítico", se a ovelha mãe não receber *cobre* suficiente ou quando ela necessita de mais cobre do que as outras ovelhas, como ocorre facilmente na Nova Zelândia.

Uma planta torna-se mais resistente ao frio quando recebe um gene de um peixe do Ártico. Este gene induz a maior absorção de *ferro,* que dá à planta mais resistência. Portanto, não é o gene que a torna resistente ao frio, mas o ferro.

A falta de *lítio* (Li) torna as pessoas depressivas. No milho, predispõe à helmintosporiose.

Diz-se que é genético quando crianças nascem com um arco dentário muito estreito, tão estreito que, às vezes, nem cabem todos os dentes. Na África, isso é comum em regiões com solos muito decaídos ou em populações muito famintas. É certo que o problema está na família, é genético. Mas quando se fornecem *sais minerais,* o arco dentário normaliza-se, alarga-se. Genético é somente o fato de estas famílias não estarem ainda adaptadas aos solos, e o seu gasto em minerais é maior. Do mesmo modo como existem automóveis que necessitam de mais óleo lubrificante que outros para fazer o mesmo serviço. Hereditária é somente a predisposição de uma pessoa, animal ou variedade vegetal para precisar de algum mineral em maior ou menor quantidade do que outros; e o que induz essa necessidade é o gene.

Usa-se a mistificação da genética para não precisar dizer que tudo, em última análise, depende do solo.

O PAPEL DOS MICRÓBIOS E INSETOS

Na natureza, tudo é adaptado, interligado, sincronizado e reciclado para aperfeiçoar e tornar a vida ótima. Não existem dois metros quadrados de terra com vegetação nativa ou população de insetos, bactérias e fungos idênticos. Não se pode supor que Deus tenha criado os micróbios e insetos, ou mesmo os pequenos animais do solo, para infernizar a vida dos homens. Deus não é perverso. Ele não é somente infinitamente justo, mas também infinitamente sábio. Pode-se argumentar que existem animais carnívoros que caçam outros, submetendo-os a um medo permanente. Mas os carnívoros somente comem os animais mais fracos, jovens ou velhos, machucados ou doentes. Trata-se nada mais do que de uma seleção rigorosa dos mais fortes, sadios e mais aptos ao ambiente. Se não ocorresse essa seleção, os animais iriam degenerar-se, como ocorre nas reservas naturais, especialmente em fragmentos pequenos, onde, por razões "humanitárias", se evitou a inclusão dos carnívoros.

Assim, os micróbios e insetos são simplesmente a parte discreta e quase oculta do *ciclo da vida*. As plantas verdes que recobrem a terra são os únicos seres deste nosso planeta capazes de transformar energia em matéria, ou seja, energia luminosa em energia química, com a presença de gás carbônico e água e com a ajuda de minerais. O sistema, o ciclo da vida, em nosso planeta compreende as etapas de nascer, viver, multiplicar, morrer e reciclar para que outros possam reiniciar o ciclo.

Se não houvesse a eliminação de tudo que estivesse morto, a vida não teria possibilidade de continuar, porque toda a Terra estaria entulhada com uma camada espessa de plantas, animais e humanos mortos. Não seria mais o "planeta azul", mas um planeta fantasma, sem vida, que somente viajaria pelo espaço com uma imensa carga de cadáveres e lixo. E se as plantas mortas continuassem não decompostas, a vida vegetal já teria acabado há milênios. Portanto, a decomposição e a reciclagem são tão importantes quanto a formação, o crescimento e o desenvolvimento. Mas não seria o suficiente. Se tudo que for fraco, doente e velho continuasse e ainda tivesse a possibilidade de se procriar e multiplicar, a vida na Terra teria degenerado há muito tempo e teria acabado. Para que a *vida* continue forte e vigorosa, foram criados esses pequenos seres com a incumbência de decompor não somente o que estiver morto, mas também tudo o que estiver fraco e incapaz de manter uma vida independente, vigorosa. Eles constituem a "polícia sanitária" da natureza. Mas para que esses pequenos seres nunca tenham a possibilidade de atacar por engano seres em pleno vigor, eles foram *programados* para atuarem por intermédio de uma enzima específica por indivíduo. Cada enzima é como uma chave específica que serve para uma única estrutura química. Assim, se ocorrer meia molécula de oxigênio a mais na estrutura ou substância, outra enzima necessita entrar em ação. Plantas sadias, com metabolismo fluindo normal, produzem substâncias acabadas, como proteínas, ácidos graxos e açúcares de alto peso molecular e que não podem ser atacadas por somente uma enzima específica de micróbio ou de inseto. E quando a planta morre, suas próprias enzimas iniciam a decomposição, para possibilitar a ação de micróbios e insetos. Em plantas sofrendo de algum estresse que abala seu vigor, como uma nutrição desequilibrada, falta de água, extremo térmico, ocorre o acúmulo de substâncias primárias, de baixo peso molecular em suas células, e elas podem ser decompostas por uma enzima específica, constituindo, assim, uma "sopa nutritiva" para atividade e proliferação de micróbios e insetos específicos.

MINERAIS NUTRITIVOS E AS DOENÇAS VEGETAIS

A saúde da planta depende do solo e de sua capacidade de fornecer os elementos minerais de que necessita para poder formar todas as substâncias para as quais é geneticamente capacitada. Às vezes, ela precisa somente de traços ínfimos de um elemento, que continua indispensável. Desse modo, por exemplo, o íon K (potássio) consegue catalisar somente uma única reação química, enquanto um íon de cobre consegue catalisar 10 mil reações químicas na planta. Portanto, é preciso muito potássio, mas muito pouco cobre para nutri-la. Porém, o cobre não é menos importante para a planta que o potássio. Além disso, íons, como cobalto, césio, estrôncio, chumbo, bário e outros são úteis, embora em quantidades bem pequenas.

Nutre-se a estranha ideia de que Deus errou redondamente quando criou o solo tropical, que, por isso, teria de ser equiparado, da melhor maneira possível, ao solo de clima temperado. Como nos trópicos, apesar de todas as máquinas e os adubos "químicos", as colheitas permanecem baixas, conclui-se que os povos no clima tropical não são tão inteligentes, pois são incapazes de usar as tecnologias que no hemisfério Norte são usadas com tanto sucesso.

Nos trópicos, o solo é pobre por unidade de volume, seja ela 100 gramas de terra, 1 decímetro cúbico ou 1 quilograma, contendo 7 a 36 vezes menos nutrientes que solos de clima temperado. Entretanto, a natureza compensa esta falta pela melhor agregação e maior profundidade (de 5 a 30 vezes maior), possibilitando um desenvolvimento radicular melhor e mais profundo. Além disso, a colheita pode triplicar pela diluição do volume de terra, ou seja, a mesma quantidade de nutrientes misturada a um volume de terra quatro vezes maior.

A produção de biomassa em solo nativo tropical é luxuriante. Um hectare de mata virgem tropical produz em 18 anos o que uma mata boreal produz em 100 anos.

O solo tropical tem três enigmas a resolver: i) como a mata mais luxuriante do mundo consegue crescer em solo extremamente pobre? ii) como um solo esgotado e exausto em nutrientes pelas colheitas recupera seus nutrientes abaixo de capoeira de oito a dez anos? iii) por que mesmo camadas grossas de folhas ou de palha de uma monocultura (como no cacau) sobre o solo, não conseguem manter a saúde nem a produtividade da cultura?

Estas três perguntas têm somente uma resposta: é a biodiversidade da microvida do solo que mobiliza os nutrientes necessários, até mesmo de sílica. E a biodiversidade microbiana depende da biodiversidade vegetal, que fornece o alimento (energia) para a vida do solo. No trópico, tudo depende da vida do solo, que depende da matéria orgânica. Quanto mais diversificada for a matéria orgânica, mais diversificada será a vida do solo, maior a mobilização de diferentes nutrientes e a nutrição das plantas. Quando as raízes somente conseguem explorar 1 ou 2 quilogramas de solo, este, de fato, é muito pobre. Entretanto, quando conseguem explorar 30 ou 40 quilogramas de solo, a planta é muito bem nutrida e provida de água, o que é muito importante no clima quente.

Porém, com a tecnologia importada de clima temperado, o solo tropical produz muito pouco pelo fato de essa tecnologia ser apropriada apenas para o clima frio e solos rasos, ricos e com pH neutro. A vantagem do solo pobre e profundo é que, nas horas de calor, a planta encontra suficiente água fresca nas camadas abaixo de 50 cm de profundidade, mesmo quando a pressão osmótica das raízes, ou seja, sua "tensão negativa", for menor durante as horas de calor por causa da fotossíntese reduzida. Nesse momento, as folhas mandam só poucos carboidratos (-COOH) à raiz. Com uma concentração baixa de íons na solução do solo (poucos minerais nutritivos), as plantas ainda conseguem absorver normalmente.

Segundo a lei da osmose, o fluxo do líquido sempre vai da solução menos concentrada para a solução mais concentrada: num solo mais rico e com uma concentração mais elevada de íons em sua água, as plantas não poderiam absorver, ao contrário, perderiam água da raiz para o solo, o que causaria "seca fisiológica". Nesse solo, as plantas murcham não por falta de umidade, mas por excesso de concentração iônica na solução do solo que as faz perder sua água.

Por que as plantas tropicais, que mal abrem seus estômatos, iniciam a fotossíntese com quatro carbonos (C_4, anatomia de Kranz, na bainha da folha, onde CO_2 é absorvido formando oxaloacetado + ciclo de Calvin, no mesófilo da folha), como o milho, a mandioca, o inhame e outras, em vez de três carbonos (C_3, só ciclo de Calvin, iniciando com ácido 3-fosfoglicérico), comuns em plantas de clima temperado? E como ainda conseguem manter uma fotossíntese superlativa com seus estômatos semicerrados e tão pouco carbono (0,2%) disponível? Como plantas das regiões semiáridas e desérticas, com folhas extremamente suculentas, como as palmas forrageiras, portulacas, *Sedum* e outras, as chamadas plantas de metabolismo CAM (*crassulacean acid metabolism*), conseguem fotossintetizar durante o dia com seus estômatos fechados?

Em geral, consideram-se todos os fatores isoladamente. Pelo adensamento e pela decadência da estrutura porosa do solo, entra menos ar, e os elementos minerais são reduzidos (perdendo seu oxigênio), de modo que manganês, ferro, alumínio e enxofre se tornam tóxicos, o pH decresce, o fósforo disponível quase desaparece. Como entra menos água no solo, o nível freático diminui ou seca. As raízes permanecem superficiais e sofrem mais pelo aquecimento dessa camada, absorvendo muito menos água e nutrientes. Plantas mal nutridas são atacadas por pragas e doenças, por não conseguirem terminar a formação de suas substâncias. Há menos ar, e o metabolismo vegetal diminui, provocando uma menor produção vegetal. O segredo de a matéria orgânica aumentar a saúde vegetal está simplesmente no fato de ela agregar o solo, tornando-o macroporoso. Porém, isso somente ocorre quando a matéria orgânica é aplicada na camada superficial. Quer dizer, muitos fatores modificam-se ao mesmo tempo. O combate de cada sintoma é difícil, caro e pouco eficiente. *A causa é a decadência do solo.*

Outro problema grave da decadência do solo é a falta de poros superficiais, de infiltração e de drenagem, o que deixa a água pluvial escorrer, causando erosão e enchentes. Seu combate pode ser feito com curvas de nível, murundus e planejamento de retenção de água em escala de microbacias que possibilitam evitar boa parte do escorrimento da água, mas que não permitem a entrada de ar no solo (são as raízes que absorvem o oxigênio de que as plantas necessitam; seriam seus "pulmões", além de também serem seus "intestinos") e a manutenção do nível de água subterrânea. Os rios tornam-se secos, já que após as enchentes segue a seca. Nos dias de hoje, o Nordeste sofre de enchentes e de seca alternadas já com diversos núcleos de desertificação parcialmente avançada. Há 300 anos ainda era a região mais fértil do Brasil, sendo o fornecedor de açúcar para a Europa.

Pelo fato de a tecnologia atual ser mecânico-química, não se encontra solução biológica ou ecológica. *Constroem-se obras em lugar de recuperar os solos.*

Aduba-se com NPK e, talvez, aplica-se antes uma calagem. Assim, em vez de as plantas receberem os 45 nutrientes necessários, recebem no máximo 7 (N, P, K, S, Cl, Ca, Mg). Isso é definitivamente muito pouco. Por isso, os produtos da terra podem apresentar formas grandes e bonitas, porém, sem sabor, odor e valor biológico.

A análise química do solo geralmente trabalha com amostras de solo retiradas de até 20 cm de profundidade, isto é, costuma incluir também uma camada que as raízes não conseguem mais explorar. Afora isso, determina tanto os íons oxidados, que são nutrientes, como os íons *reduzidos*, geralmente tóxicos, como os de manganês, ferro, enxofre e outros. Como os nutrientes não existem de forma isolada, mas em determinadas proporções entre si, o excesso de um nutriente provoca a deficiência de outro.

Segundo Bergmann e Neubert (1976), somente o nitrogênio e os desequilíbrios que ele cria com outros nutrientes abrem o caminho para, no mínimo, nove doenças vegetais, em diversas culturas, como mostrado no box a seguir:

Pseudomonas	em	fumo
Erwinia	em	batatinha
Pemospora	em	alface, nabo e videira
Erysiphe	em	cereais e frutíferas
Septoria	em	trigo
Botrytis	em	videira e moranguinho
Verticillium	em	tomate, algodão e cravo
Alternaria	em	tomate, fumo
Puccinia e Euromyces	em	cereais e feijão

Cada doença é combatida por agrotóxicos e cada um deles possui, geralmente, uma base mineral que induz outras deficiências, abrindo caminho para outras doenças/patogenias ou ataques por insetos. Conforme Chaboussou (1980), as plantas estão *doentes dos pesticidas*.

Numa experiência em citros, foi constatado que, após um ano sem o uso de defensivos, as 11 doenças e pragas que existiam reduziram-se a duas. Todas as outras eram somente "efeitos colaterais".

A seguir, alguns defensivos químicos, sua base mineral e as deficiências que induzem.

Sempre se apresenta a deficiência do elemento cujo nível estiver mais baixo.

Tabela 2 – Defensivos químicos e as deficiências que induzem

Base do defensivo	Exemplo	Deficiência induzida

Ferro (Fe)	Fernate, Ferban	Manganês, zinco, molibdênio, magnésio
Zinco (Zn)	Ziran, Cabazine, Plantizin, Zineb, Dithian	Fósforo, cálcio, magnésio, ferro
Cobre (Cu)	Cupravit, cobre Nordox, calda bordalesa, oxicloreto de cobre, óxido cuproso	Zinco, manganês, ferro
Manganês (Mn)	Maneb, Manzate, Trimangol, Mancozeb	Cálcio, magnésio, ferro, zinco
Sódio (Na)	Naban	Amônio, potássio, molibdênio
Enxofre (S)	Thiovit, Elosal, Arasan, Co-san, Kumulus	Fósforo, cálcio, cobre
Fósforo (P)	Malathion, Parathion, Diazi-non, Fosalone	Zinco, manganês, enxofre, boro, ferro
Amônio (NH_4+)	Captane, Glyodin, Brasicol	Cobre, cálcio, boro, potássio, magnésio, fósforo

Nos trópicos, a recuperação da estrutura do solo não pode ser feita pela calagem, pois ela não agrega o solo como em clima temperado, mas atua como dispersante, porque a ação do ferro e do alumínio é neutralizada. Esses dois minerais são os mais potentes agregadores tropicais. Calcário serve somente como nutriente vegetal, mas não como agente agregador. Também é muito difícil acumular humo, como ocorre no clima frio. A decomposição da matéria orgânica é rápida demais. E mesmo assim, ela é a base de toda fertilidade do solo não porque age como NPK (fonte de nutrientes minerais) em forma orgânica, mas porque nutre a vida do solo que: i) forma os agregados maiores, e ii) mobiliza nutrientes, além de fixar nitrogênio.

Num solo agregado e poroso, o sistema radicular aumenta, e há a penetração de ar e água. Após dois, no máximo três meses, os agregados perdem sua resistência à ação da água e necessitam ser protegidos até a colheita e, depois, precisam ser renovados.

A mobilização de nutrientes é tanto maior quanto maior for a diversidade da microvida. E esta depende da maior diversidade vegetal, isto é, da matéria orgânica. Não é a matéria orgânica em si que beneficia o solo e que nutre as plantas, mas seu efeito sobre a nutrição da microvida do solo.

DEFICIÊNCIAS MINERAIS

Deficiências minerais (que também podem levar a excessos) podem ser identificadas pela: i) deformação ou descoloração das folhas; ii) maneira de crescimento das plantas; iii) invasora predominante; iv) análise foliar e as proporções dos nutrientes; v) deformações no crescimento da raiz (Sprague, 1941; Wallace, 1961; Primavesi, 1965; Bergmann, 1986).

Existem sinais muito típicos para algumas deficiências. Assim, deficiências de N (nitrogênio), P (fósforo), K (potássio) e Mg (magnésio) sempre iniciam nas folhas mais velhas da planta ou do ramo do ano. As de Ca (cálcio), S (enxofre), Fe (ferro), Mn (manganês), Cu (cobre) e B (boro) sempre se manifestam primeiro no broto, enquanto Zn (zinco) e Mo (molibdênio) podem mudar de posição.

Deficiência de minerais e seus indicadores

K: o sinal de deficiência de K começa na ponta das folhas mais velhas e avança nas bordas, na tentativa de a planta eliminar substâncias tóxicas, como putrecina, formadas pela falta de K. Na cana-de-açúcar, os entrenós são muito mais curtos. Em variedades não hibridadas, aparecem manchas vermelhas na nervura principal, causadas pela precipitação de Fe. Os frutos são menores, mais doces e suculentos e caem prematuramente;

N: inicia-se também na ponta da folha, mas avança pela nervura principal, resultando na famosa forma de um "V" invertido. As folhas amarelam e morrem, começando pelas mais velhas;

P: as plantas são de um verde-escuro, as folhas são eretas e duras e, em deficiência mais grave, assumem uma coloração purpúrea. As frutas das árvores caem em quantidade quando atingem um tamanho entre 2 e 4 cm de diâmetro;

Mg: apresenta em todas as culturas as nervuras principais e secundárias verdes, enquanto o tecido entre as nervuras fica clorótico, assumindo uma cor amarela ou avermelhada, ficando necrótico (morto) com o tempo. As folhas caem cedo, os frutos geralmente pequenos ainda permanecem por muito tempo no pé. Se a deficiência não for generalizada, afeta alternadamente um lado de uma árvore e, no ano seguinte, o outro. Facilita o ataque do besouro serrador (*Oncideres impluviata*), que corta galhos de 5 a 6 cm de diâmetro;

Zn: as folhas ficam muito pequenas, formando as famosas "rosetas" e mais tarde as cloroses intranervais. Às vezes, os brotos são cloróticos, como no milho, ou são "assentados", quer dizer, que não levantam acima das folhas exteriores por causa do entrenó curto. Em gramíneas, as folhas possuem estrias cloróticas entre as nervuras. Em árvores de café, a deficiência aparece especialmente na parte norte, mais ensolarada;

Mo: na falta de molibdênio, as folhas são mosqueadas. Os sintomas geralmente aparecem primeiro nas folhas mais velhas. O mais típico são folhas muito estreitas, isto é, quase sem limbo foliar, ao longo da nervura principal.

Deficiências que sempre aparecem nas folhas mais novas ou no broto

Ca: quando há falta de cálcio, muitas vezes as nervuras estão entupidas, isto é, são marrons em lugar de verdes, especialmente quando ocorre excesso de manganês. Nas folhas mais novas, a nervura principal é mais curta que o limbo foliar. As folhas se enrolam quando há veranicos. Os pecíolos das folhas murcham, as flores ficam penduradas para baixo e morrem. A maior parte das flores é estéril, raramente formando frutos e sementes, que sempre são deformadas. Em tomates, a deficiência produz frutos que se "liquefazem" por dentro, parecendo saquinhos cheios de água. Também o fundo preto (*blossom end rot*), ou podridão apical dos frutos de tomates, combate-se com adubação foliar de cálcio. Em bananeiras, os cachos são muito pequenos. As raízes engrossam especialmente em repolho e outras *brassicaceas* e, em árvores frutíferas, morrem as pontas dos galhos. Pode haver severa desfoliação da ponta dos galhos. No lugar das folhas caídas, brotam logo folhas novas. Plantas deficientes em cálcio são facilmente atacadas por vírus;

B: a deficiência do boro é muito comum. As raízes permanecem muito pequenas e fracas, facilmente atacadas por nematoides. Muitas vezes há pontas mortas, com formação de novas radículas ao redor. Os brotos não crescem e morrem/necrosam, os galhos ou folhas ao redor sempre são maiores do que a "guia". As pontas dos galhos morrem, com crescimento de outros galhos em torno do broto morto, resultando na famosa forma de um "leque". Nos entrenós dos colmos de gramíneas, inclusive da cana, aparecem brotos secundários. As flores de muitas plantas são deformadas, como ocorre em crisântemos, orquídeas, girassóis, *poinsetias* (bico de papagaio – *Euphorbia pulcherima*) e outras. Os frutos são deformados, pequenos e empedrados/endurecidos, como em peras, maçãs, goiabas e bananas. Nas uvas, os cachos maduros têm muitas frutinhas pequenas e verdes. Em cereais, muitas vezes, o embrião morre e a semente, embora de tamanho normal a grande, não germina. A couve-flor faz cabeças ralas e pequenas, inteiramente ou com partes de cor marrom. Muitas raízes e caules são ocos, especialmente em nabos, beterrabas, repolhos e couves-flores. Os caules das folhas racham. Os caules das bananeiras mostram o segundo anel "aguado", que mais tarde apodrece. Aparecem "doenças do pé", como o *dumping off*, quando fungos atacam o colo da raiz. Muitas vezes aparecem nervuras brancas nas folhas, por causa do apodrecimento das raízes. Tubérculos (batatinhas) e raízes (mandioca) possuem pouco amido e são "aguados", ficando duros quando cozidos. As fibras do algodão são curtas;

Cu: em cereais, sempre a última folha é afetada, que se enrola ou é clorótica, e as espigas têm dificuldade de sair da bainha. As pontas das folhas ou as folhas inteiras murcham facilmente, normalmente às nove horas da manhã já estão murchas. Poucas flores são desenvolvidas. Pode começar amarelamento a partir das folhas mais novas;

Fe: na deficiência de ferro, as folhas mais novas são amarelas e até brancas, porém com nervuras primárias e secundárias ainda verdes durante algum tempo;

S: quando falta enxofre, as folhas mais novas nascem amarelo-claras e até brancas, mas com a idade assumem cor verde normal. Há galhos novos muito finos e compridos, e as raízes são longas, marrons e duras, com poucas radículas;

Mn: a ausência de manganês faz com que as folhas mais novas tenham manchas amarelas, facilmente atacadas por bactérias. Muitas vezes somente a segunda fileira de folhas começa a amarelar, as nervuras principais e secundárias permanecem verdes. Na cenoura, as raízes são pequenas, bifurcadas, duras e com tufos de radículas. Mas quando existe excesso de manganês, por exemplo, em feijão, as vagens são curvas e com pontos necróticos, como no ataque por antracnose.

É importante lembrar que não existem nutrientes isolados, mas sim interligados, todos com estreitas proporções uns com os outros. Se, por exemplo, aduba-se com potássio, ele vai causar efeito positivo até o momento em que o boro entrar em falta. Nesse momento, não haverá mais efeito do potássio ou ele poderá se tornar negativo. O mesmo se dá com fósforo: quando sua quantidade se eleva além das reservas em zinco, ele não tem mais efeito positivo, podendo tornar-se negativo, conforme a intensidade da indução de deficiência de zinco. Por isso, existem as curvas quadráticas de rendimento que primeiro sobem e, após uma certa quantidade do elemento aplicado, descem. É quando outro elemento entra em deficiência. Pode-se visualizar esse efeito em superfícies de resposta. Pelo fato de os solos tropicais serem pobres por unidade de volume (dm^3), as quantidades de nitrogênio que se aplicam, por exemplo, nos Estados Unidos, nunca poderiam ser usadas aqui, por causa da indução de deficiências de outros elementos.

Tabela 3 – Deficiência mineral induzida

excesso	NH_4	NO_3	P	K	Ca	Mg	S	B	Cu	Zn	Mn	Fe	Mo	Co	Na	Si
NH_4	-	-	+	+	+	+	-	+	++	+	+	Tox	-	+	+	-
NO_3	-	-	-	+	+	-	+	-	-	-	-	-	++	-	-	-
P	-	-	-	+	+	-	+	+	+	++	+	+	+	+	-	-
K	+	-	-	-	+	+	+	++	+	+	+	+	+	-	+	-
Ca	+	-	-	+	-	+	+	+	+	+	++	+	-	-	-	-
Mg	-	-	-	+	+	-	-	+	+	+	+	-	-	-	-	-
S	-	+	++	-	+	-	-	-	+	+	+	Tox	+	-	-	-
B	-	-	+	++	+	+	-	-	-	-	+	+	-	-	-	-
Cu	++	-	-	-	-	-	-	-	-	+	+	+	+	-	-	-
Zn	-	-	++	+	+	-	-	-	-	-	+	-	-	-	+	-
Mn	-	-	-	+	+	+	-	-	-	+	-	++	+	-	-	+
Fe	-	-	+	-	-	+	-	-	-	+	++	-	+	-	-	-
Mo	-	+	-	-	++	+	-	+	+	-	-	+	-	-	-	-
Co	-	-	-	-	-	-	-	-	-	-	+	-	-	-	-	-
Na	+	-	-	+	-	-	-	-	-	-	-	-	+	-	-	-
Si	-	-	-	-	-	-	-	-	+	+	+	+	-	-	-	-
Cl	Tox	Tox	-	+	-	-	-	-	-	-	-	-	-	-	-	-

Fonte: elaborada segundo Bergmann e Neubert, 1976.
Elementos cuja deficiência é sinalizada com ++ geralmente são os primeiros atingidos e sua proporção é a mais delicada.

Cada excesso é relativo à quantidade dos outros elementos que se encontram no solo, e a deficiência sempre ocorre por conta do elemento que se encontra em nível mais baixo no momento. Uma deficiência induzida, por exemplo, é a de cobre em arroz nos banhados recém-tomados em cultura. As plantas mostram um excesso "relativo" de nitrogênio, não comprovado em análise foliar enquanto não se tiram as proporções entre nitrogênio e cobre. Quer dizer, o nível de cobre é muito baixo, "induzindo" o excesso de nitrogênio. Parece um excesso de nitrogênio que não é real, mas existe, em relação ao cobre. No arroz, para cada 85 átomos de N necessita-se 1 de Cu.

Tabela 4 – Culturas com exigências altas em micronutrientes

B	Cu	Mn	Zn	Mo
Nabos e rabanetes	Cereais: trigo, cevada e aveia	Cereais: trigo, cevada e sorgo	Milho e sorgo	Alfafa e trevo-vermelho
Canola, girassol e papoula	Linho e girassol		Linho	
Alfafa e tremoço	Alfafa	Feijão, ervilha	Feijão	
Repolho, brócolis (todas brássicas), beterraba e aipo	Beterraba vermelha, alface, cebola, cenoura e espinafre	Alface, pepino, beterraba e cebola		Couve-flor, alface e espinafre
Maçã			Pêssego, maçã e ameixa	
Rosas e cravos			Lúpulo	

Fonte: Bergmann (1983) e www.tll.de/ainfo/pdf/dmikl 101.pdf.

Tomates têm uma grande exigência de B, Cu, Mn, Zn e Mo, mas necessitam de muito Ca. Porém, são muito sensíveis a maiores concentrações (pouca tolerância).

Os micronutrientes nas plantas dependem: i) de sua concentração disponível no solo; ii) da presença de micorrizas; iii) da capacidade de absorção da planta; iv) do metabolismo específico.

Plantas muito sensíveis a concentrações menores de:

a) Boro: feijão, lentilha, moranguinho, lúpulo; frutas: maçã, damasco, citros, pera, pêssego e uva; uva, ervilha e maçã têm elevadas exigências em B (as outras frutas médias a baixas); girassol e aipo, apesar de altas exigências em B, são bastante sensíveis;
b) Zinco: perda de 40% da colheita: milho, sorgo, trigo e cevada; perda de 20-40% da colheita: alfafa, alface, tomate e espinafre; perda de 20% da colheita: feijão, ervilhas e batatinhas.

A absorção e a deficiência de nutrientes dependem:

1. da deficiência no solo;
2. da compactação do solo e da oxirredução (em compostos minerais tóxicos) – Al e Mn;
3. da adaptação da variedade ao solo e ao clima e suas exigências;
4. da umidade do solo (Ca aumenta absorção em solos secos); alta umidade torna Mn e Fe tóxicos (não absorvidos);
5. da concentração de nutrientes na solução do solo (seca fisiológica);
6. da temperatura *do ar* (por exemplo: NO_3 é absorvido mais facilmente em altas temperaturas);
7. da temperatura *do solo*: acima de 32 °C a maioria das plantas não absorve mais água e nutrientes;
8. do pH do solo: por exemplo, NO_3 é menos absorvido em pH 7 e mais em pH 5,6; o Mo é mais bem absorvido em pH elevado;
9. da altitude: por exemplo, Ca é absorvido mais fácil em altitudes elevadas;
10. da quantidade de luz ultravioleta: por exemplo, quanto maior, pior a absorção de Ca e micronutrientes;
11. do sombreamento: quase todos os elementos são absorvidos menos na sombra (Ca, P,B, Mn e Zn), mas possuem um efeito maior (café sombreado, N nas estufas);
12. da presença ou ausência de outros elementos (depende das proporções): por exemplo, existe a deficiência de K na presença de deficiência de B (K/B = 35 a 100);
13. do sistema radicular reduzido ou com absorção prejudicada quando existem: i) pan oucamada adensada; ii) deficiência de B; iii) deformação das raízes: grossas, quando faltar Ca; iv) herbicidas sistêmicos que abrem as raízes para a entrada de fungos, tornando-as grossas e com poucos pelos de absorção.

Análises foliares não informam a realidade enquanto não são determinadas as proporções de um cultivo sadio e produtivo, que constituem referenciais, e comparadas com as de um cultivo fraco ou doente.

Existe a possibilidade de se corrigirem deficiências minerais, até certo ponto, pelo aumento do sistema radicular. Se o solo for mais agregado e as raízes mais desenvolvidas, de forma a explorá-lo melhor, elas conseguem nutrientes que antes estavam deficientes. Assim, há citricultores que conseguem controlar o "amarelinho" (*Xylella fastidiosa*) com uma aplicação de até 30 kg/ha de ácido bórico, que aumenta substancialmente o sistema radicular. O boro é responsável pela transformação de glicose em sacarose, e por seu transporte da folha para a raiz através do floema. Sacarose é açúcar. Açúcar atrai água e, quando for liberado pelo floema para as células da raiz, a água também sai das células do floema, causando uma pressão negativa que atrai novamente água. Quer dizer, o boro funciona igual a uma bomba de água, ou poderia ser comparado ao funcionamento do coração (Lyons-Johnson, 1999).

Porém, a ação dos minerais nutritivos não para por aqui. Eles também possibilitam a produção de substâncias voláteis pelas plantas, que as soltam no caso de um ataque por insetos. Por enquanto são conhecidos 12 compostos odoríficos químicos que as plantas produzem, de acordo com o tipo de lagarta que as atacou, e que são um tipo de SOS para chamar o "inimigo natural" adequado para seu combate (Suszkiw, 1998).

O maior problema de uma deficiência mineral, seja ela induzida ou real, é como as plantas doentes e parasitadas afetam a saúde do ser humano por meio dos alimentos deficientes. Os índios bolivianos dizem que existe uma correlação íntima entre a produção qualitativa – não quantitativa – de alimentos e o caráter espiritual dos que os produzem, ou seja, *alimentos com baixo valor biológico são produzidos por pessoas de baixo nível espiritual* (Agruco, 2001).* Por outro lado, os

* O misticismo e a física quântica jogam uma luz sobre este aspecto, o da consciência e o tipo de pensamento.

alimentos transmitem seu "espírito" e energia regeneradora, porque substância vegetal é energia cósmica captada (pela fotossíntese).

Sabe-se atualmente que, por exemplo, a deficiência de cobre – também induzida pelo excesso de nitrogênio sob a forma de adubo – na alimentação da mãe, dá origem a crianças cujo cérebro cresce menos nas partes que controlam as funções motoras (que pode chegar até a paralisia), a coordenação dos músculos e o sistema nervoso. Isto quer dizer que tais crianças podem ser paraplégicas ou terem sérios distúrbios nervosos (McBride, 1999). A mesma autora constata que depósitos graxos nas paredes das veias ocorrem somente onde faltam vitaminas B6 e B12, esta última dependente de cobalto. Vale lembrar mais uma vez: "Solos doentes – plantas doentes – animais e homens doentes". Não se pode introduzir métodos de produção agrícola desligados do solo e da saúde humana, porque na natureza *tudo* está interligado.

PLANTAS INDICADORAS

As plantas nativas somente aparecem quando as condições lhes são favoráveis. Não são plantadas, ou seja, impostas ao solo, nem mantidas por meio de tecnologia sofisticada. Elas aparecem do banco de sementes dispersadas por animais, ventos e chuvas quando os nutrientes do solo existem na quantidade exata para a vida delas, e desaparecem quando essas condições se modificam.

Essa também é a razão pela qual em pastagens nativas, por exemplo, uma adubação fosfatada pode aumentar ou diminuir a quantidade de forragem. Ela aumenta a forragem quando as plantas estão deficientes em fósforo, porque as nutre adequadamente. Mas ela diminui a produção quando as plantas existentes não necessitavam de fósforo e a adubação forneceu condições para outro tipo de vegetação que, porém, necessitava mais desse elemento. São plantas superiores às existentes originalmente, sem dúvida. Mas geralmente a adubação, neste caso, foi baixa demais para poder mantê-las no campo. Primeiro induziu-se uma vegetação diferente, depois não foram dadas condições para mantê-la. As plantas lutam pela sobrevivência; as fracas chegam a florescer precocemente, fornecendo pouca massa, de valor inferior; o pasto piora pela adubação inadequada.

Mas também pode ocorrer o contrário. Um exemplo muito impressionante é o do capim-caninha (*Adropogon incanis*), que cobre os terrenos baixos da fronteira do Rio Grande do Sul. Ninguém gosta dele porque somente pode ser comido pelo gado quando recém-brotado. Com três semanas ele encana, fica duro e imprestável. Queimam esse capim o quanto podem, para que se torne comestível. E quanto mais se queima, mais rápido ele se torna duro. Porém, quando recebe uma adubação fosfatada, leva muito tempo para encanar, permanece macio durante semanas e se torna boa forrageira.

Conheci um trabalhador rural, um simples boia-fria, analfabeto, mas muito inteligente, com uma observação incrível. Trabalhou numa fazenda de multiplicação de sementes na região do São Francisco. Quando o agrônomo chefe mostrou os campos, com a planilha na mão, explicou que em um dos campos antes havia tomate. O homem simples, que lá trabalhava e ouviu, disse com toda a convicção: "Não, senhor, aqui tinha alface". O agrônomo irritou-se. "Como é que você sabe disso se trabalha somente há uma semana conosco e se esta parcela foi colhida faz mais de duas semanas?" "Pela vegetação", disse ele simplesmente. Foi chamado o capataz. "Aqui não tinha tomate para sementes?" O homem sacudiu a cabeça. "Não tinha, não. A semente de tomate não chegou quando dela precisávamos, então plantamos alface para não deixar o campo muito tempo sem cultivo." E como o trabalhador sabia disso? Pelo mato que ali crescia. Cada cultura esgota o solo em um ou mais elementos e deixa sobrar outros. E o mato aparece para compensar. Por meio dele, a natureza tenta equilibrar e tornar ótima a oferta de nutrientes para que o solo chegue ao seu estado inicial. Por isso, cada cultivo provoca sua população específica de "mato", tentando sanar os estragos que foram feitos. E se os estragos forem muito grandes e o campo já não produzir mais nada, é abandonado, e o solo vai ser recuperado pela vegetação nativa, que no cultivo se chama inço ou erva daninha. Em oito ou dez anos o solo estará "novo em folha", podendo ser cultivado – e estragado – outra vez.

Eis a razão por que as plantas nativas são plantas *indicadoras* e, ao mesmo tempo, *sanadoras/recuperadoras*.

E existem duas possibilidades. A primeira é que determinado tipo de planta domine francamente. A segunda é a existência de "associações" de diversas plantas que sempre aparecem juntas. A estas associações chamamos sucessão vegetal, e elas ocorrem quando o solo e o clima, por qualquer razão, mudaram para melhor ou para pior.

ALELOPATIA

Entre as plantas existem antipatias e simpatias, como entre qualquer ser vivo. Elas se influenciam mutuamente por meio de substâncias químicas, pelos microrganismos que vivem em sua rizosfera e pela concorrência por nutrientes.

Existe uma verdadeira "guerra química" entre as plantas, em que cada uma tenta assegurar seu espaço vital. Elas excretam aerossóis pelas folhas, que agem num raio de até 50 metros de distância e secretam substâncias pelas raízes para defender seu espaço no solo.

Essas substâncias dependem: i) da nutrição foliar; se a folha tiver um pH alcalino, as excreções são ácidas, e vice-versa; ii) do arejamento do solo; em solos compactados e adensados aparecem produtos fermentativos como álcoois; iii) da espécie e variedade.

As substâncias de defesa, que se chamam alelopáticas, podem ser ácidos orgânicos, álcoois, taninos, saponinas, cumarinas, aldeídos alifáticos, cetonas, lactonas, quinonas, fenóis, flavonas, glicosídeos, polipeptídeos, terpenoides e outros (Andrade Rodrigues *et al.*, 1992; Rodrigues *et al.*, 1999). Muitas destas substâncias servem às plantas também para sua defesa contra insetos e fungos (Borys, 1968), como os fenóis e quinonas, enquanto outras lhes servem para a comunicação, como os aldeídos alifáticos, que são usados para chamar insetos benéficos, os quais também denominamos de *inimigos naturais*. As plantas, conforme os insetos ou larvas que as atacam, excretam substâncias odoríficas diferentes como se fosse um SOS, para informar qual o parasita que a atacou, chamando os inimigos naturais destas pragas (Suszkiw, 1998).

Alelopatia poderia ser traduzida como *antipatia violenta*, com as plantas prejudicando-se umas às outras. O *sinergismo* é uma *amizade* entre as plantas, que se ajudam umas às outras, constituindo a base da rotação de culturas e da adubação verde.

Mas a alelopatia não ocorre somente por aerossóis. Ela também age por meio de lixiviados das folhas, até pelo orvalho, dos lixiviados da palha, de substâncias de decomposição e, finalmente, de substâncias de bactérias e fungos que vivem no rizoplano ou iniciam a decomposição da palha, como o fungo *Penicillium urticae*, que assenta na palha de sorgo e produz patulina, um poderoso germostático, impedindo a germinação de sementes de sorgo por até 28 semanas, dependendo da quantidade de chuvas. Por outro lado, lixiviados de folhas de capim-colonião (*Panicum maximum*) impedem o nascimento de semente de guandu (*Cajanus cajan e C. indicus*) (Souza Filho *et al.*, 1997). Quando os lixiviados entram em contato com o solo, podem ser adsorvidos temporariamente pela argila ou o húmus, desaparecendo por um lapso de tempo, sendo liberados mais tarde, quando ninguém os espera mais.

Porém, nem sempre o efeito desfavorável de uma planta sobre outra depende de substâncias alelopáticas. Também o esgotamento de nutrientes, necessários a duas culturas, pode ser a razão da diminuição da colheita, como ocorre com alfafa e linho, já que ambos são ávidos por boro.

O efeito alelopático é maior quando as plantas se encontram em estresse, seja por calor, seca, alimentação deficiente, seja por ataque de parasitas, e em solo com baixo teor de matéria orgânica. Isso porque, por um lado, em situação de estresse, a produção de aleloquímicos aumenta e, por outro, pode ocorrer a redução do crescimento vegetal.

Os aleloquímicos não possuem um efeito geral. Eles prejudicam algumas espécies e até variedades, enquanto podem beneficiar outras, como ocorre com as leguminosas. Assim, as leguminosas são consideradas plantas altamente benéficas, porque conseguem melhorar o solo e fixar nitrogênio. Porém, das 4 mil espécies de leguminosas conhecidas, somente 8,7% fixam nitrogênio através das raízes. Por outro lado, todas elas têm saponinas que prejudicam seriamente todas as *Liliaceas*, como cebola, alho, cebolinha e outras. Além disso, podem prejudicar Ciperaceas, como tiririca (*Cyperus retundus*), e até controlar nematoides, como mostra Sharma *et al.* (1982).

Os efeitos alelopáticos ocorrem de maneiras diferentes. Podem inibir a divisão celular, modificar a permeabilidade da parede celular, inibir enzimas específicas, evitar a germinação do pólen, quer dizer, tornar as plantas estéreis, como ocorre em clima temperado com a maleiteira ou "spurge" (*Euphorbia cyparissias*), que torna as videiras estéreis. Outra consequência dos diferentes resultados da alelopatia é sua ação sobre a fotossíntese, a respiração, isto é, a mobilização de energia para o metabolismo vegetal. Esses resultados podem evitar a síntese de proteínas e a fixação de nitrogênio ou até impedir o nascimento da semente. Mas a alelopatia também pode controlar, até certo ponto, plantas invasoras.

Tabela 5 – Plantas controladoras e controladas

Planta controladora	Planta controlada (invasora)
Aveia-preta (*Avena strigosa*)	Capim-marmelada (*Brachiaria plantaginea*) Amendoim-bravo (*Euphorbia heterophylla*) Picão-preto (*Bidens pilosa*) e outras
Azevém (*Lolium multiflorum*)	Guanxuma (*Sida rhombifolia*) Amendoim-bravo (*Euph. heterophylla*) Caruru (*Amaranthus spp.*) e outras
Crotalária (*Crotalaria juncea*) Mucuna-preta (*Mucuna aterrima*) Feijão-de-porco (*Canavalia ensiformis*)	Tiririca (*Cyperus rotundus*) Sapé (*Imperata cilíndrica e I. exaltata*)
Mineirão (*Stylosanthes guianensis*) Calopogônio (*Calopogonium mucunoides*)	Assa-peixe (*Vernonia polyanthes*)

Porém, o efeito alelopático pode ser interespécie ou intraespécie, quer dizer, a espécie é autointolerante, como ocorre em alfafa (*Medicago sativa e M. estrigata*) ou citros (*Citrus sinensis*), quando nenhuma semente consegue nascer na projeção da copa.

Tabela 6 – Plantas alelopáticas e sinérgicas

Plantas alelopáticas (inimigas)	Plantas sinérgicas (amigas)
Alho, cebola, tomate x leguminosas (feijão)	Leguminosas = cereais (milho, trigo, cevada)
Feijão x alho, funcho, gladíolo	Alho, cebola = roseira
Arruda x cardo-santo (*Basilicum*)	Cebola = cenoura, alface
Centeio x grama (*Agropyrum repens*)	Aspargo = tomate
Funcho x todas as hortaliças	Funcho = coentro
Girassol x batatinha, tomate	Girassol = pepino
Batatinhas x abóbora, girassol	Alecrim = sálvia, todas as hortaliças
Gergelim x sorgo	Couve-flor = salsão
Trigo x trigo mourisco	Moranguinho = feijão
Moranguinho x repolho	Repolho = batatinhas, beterraba
Citros x citros	Café = samambaia
Sorgo x sorgo	Milho = abóbora, feijão, melão, pepino
Mostarda x nabo	Tomate = tomate, agrião, salsa
Alfafa x alfafa	Fumo = fumo
Tomate x nabo, rabanete	Aspargo = tomate
Repolho x beterraba, cebola	Citros = goiaba, seringueira
Mostarda x canola, nabo, capim	Erva-de-santa-maria = cebola
Brassicacea x *Brassicacea*	Brócolis = agrião
Gladíolo x arroz	Ervilha = cenoura, nabo
Ervilha x nabo, rabanete	Videira = tremoço
Cevada x papoula	Cravo-de-defunto = tomate
Aveia branca x milho, beterraba	Salsão = alho-poró

Alho, cebola, tomate x leguminosas

É difícil acreditar que as leguminosas, que tanto beneficiam os cereais, possam prejudicar seriamente cebola e alho. Um solo melhorado por mucuna-preta (*Mucuna aterrima*) certamente tem muita matéria orgânica, é bem agregado e rico em nitrogênio. Mas quando plantado com alho ou cebola, o rendimento deles baixa simplesmente à metade. Com a repetição deste tipo de melhoramento do solo, quase não se produz mais nada.

Entretanto, quando o feijão é plantado em rotação com a cebola, seu rendimento fica reduzido em 50%. A aversão de cebola x feijão é mútua.

Se houver necessidade de matéria orgânica para a cebola, deve ser fornecida por milho ou painço. E para melhorar o rendimento da cebola, deve-se plantá-la em rotação com cenoura. Essa combinação não se deve tanto pelo uso muito intenso de defensivos contra doenças da cenoura, mas simplesmente porque os dois se gostam.

Feijão também não combina muito com tomate. Para o feijão, não há muito problema, mas os tomates, estressados pela presença do feijão, são mais seriamente atacados pela requeima.

Feijão e todas as leguminosas também não combinam com funcho ou erva-doce. Embora o funcho seja uma planta muito pouco sociável, causando depressão no rendimento de praticamente todas as hortaliças, com exceção de coentro, as leguminosas quase acabam com ele. Ele fica fraco e raquítico.

Leguminosas = cereais (milho, trigo, centeio, aveia, cevada, sorgo, milheto)...

... mas também algodão, girassol, canola e outros agradecem.

Quando se trata de plantar cereais, nada melhor que plantar leguminosas antes. Essa prática enriquece o solo. As leguminosas são: mucuna-preta (*Mucuna aterrima*), calopogônio (*Calopogonium muconoides*), kudzu (*Pueraria phaseoloides*), lab-lab (*Dolichos lab-lab*), guandu (*Cajanus cajan, C. indicus*), feijão-miúdo ou cowpea (*Vigna sinensis*) e feijão-de-porco (*Canavalia ensiformis*). No Sul do Brasil: tremoço (*Lupinus* spp.), ervilhaca ou vica (*Vicia* spp.), serradela (*Ornithopus* sp.), trevos (*Trifolim* ssp.) e outros. A simples rotação com soja (*Glycine max*) ou feijão (*Phaseolus vulgaris*), ou a cobertura dos solos em pomares com leguminosas, enriquece, melhora o solo e aumenta os rendimentos. Embora as leguminosas contribuam muito para a manutenção da produtividade dos solos, deve ficar bem claro que nem todas as culturas se beneficiam com elas.

Trigo x trigo mourisco ou sarraceno

O trigo mourisco ou sarraceno, próprio de solos levemente alcalinos, no Rio Grande do Sul, por anos foi plantado em rotação com o trigo, porque é uma planta de ciclo muito curto, com bons rendimentos. Porém, a cada ano o trigo rendia menos e, finalmente, se concluiu que o Brasil não é adequado para o cultivo de trigo.

Neste semiabandono da cultura de trigo, alguns verificaram que os rendimentos começaram a subir. E se deram conta de que o que baixava as colheitas de trigo era a rotação com trigo mourisco (*Fagopyrum esculentum*).

Girassol x batatinha

O girassol (*Helianthus annuus*) é cada vez mais cultivado na Europa oriental, especialmente Hungria, Bulgária e Rússia. No Brasil, seu óleo é muito apreciado, e ele fornece um valioso enriquecimento da mistura destinada à adubação verde. Entretanto, ele não se dá com a batatinha (*Solanum tuberosum*). Os dois parecem se odiar e emanam aerossóis que prejudicam um ao outro a longas distâncias. Numa distância de 50 metros, a batatinha e o girassol não conseguem crescer. É uma das guerras químicas mais acirradas do reino vegetal. E mesmo uma rotação com as duas plantas não é favorável, embora neste caso o aerossol já não aja diretamente.

Funcho x outras hortaliças

O funcho (*Foeniculum vulgare*) normalmente cresce fácil em qualquer solo. Sua semente é muito apreciada como "erva-doce", e a variedade mais procurada, por ter seu colo de raiz engrossado, fornece uma verdura gostosa, o *finocchio*. Existem horticultores que o plantam entre os canteiros como "quebra-vento". Mas ele defende seu espaço com um poderoso aerossol que prejudica praticamente todas as verduras, diminuindo seu crescimento, mantendo-as em estresse permanente, além de predispô-las a ataques de pragas e doenças. Não se dá com nenhuma outra cultura, a não ser com o coentro (*Coriandrum sativum*), ao qual ajuda e pelo qual é ajudado.

Sorgo x gergelim e trigo

O sorgo (*Sorghum vulgare*) é cada vez mais plantado no Brasil. Ele se dá bem em solos que são fracos demais para o milho, fornecendo uma semente muito nutritiva, apreciada especialmente pelos porcos. Quando não for sorgo granífero, fornece grande quantidade de palha, apreciado no plantio direto e amplamente usado para corrigir solos salinos. Sua palha em decomposição liga o sódio livre ao carbonato de sódio, muito pouco solúvel e, portanto, o "retira de circulação". O solo perde boa parte de sua salinidade e pode ser usado para o plantio de alfafa (*Medicago sativa*) e até para culturas agrícolas, como cevada e trigo.

Ele possui raízes muito profundas e, mesmo em regiões secas, cresce relativamente bem porque consegue se abastecer com água, onde outras culturas não o conseguem mais.

Mas o sorgo não é muito amigável com as culturas de gergelim (*Sesamum indicum*) e trigo (*Triticum aestivum*). O trigo provavelmente sofre pelo esgotamento do solo, bem como por causa das excreções radiculares, e seu rendimento abaixa quando em rotação com sorgo. O gergelim é francamente hostilizado, de modo que, perto do sorgo e seus aerossóis, suas flores permanecem estéreis e, se conseguirem formar sementes, elas não amadurecem. Em muitos casos, o gergelim não consegue formar flores. As duas culturas não se dão em campos vizinhos e em rotação.

Mostarda x canola, nabo

Mostarda (*Brassica rapa*) e canola (*Brassica napus* var. oleifera) melhoram solos muito argilosos, deixando-os em estado friável para a cultura seguinte. Canola é especialmente vantajosa em solos que foram estragados por doses muito grandes de fertilizantes (NPK), mas ela não se desenvolve quando plantada em vizinhança com mostarda, que inibe seu crescimento. Pior é o efeito da mostarda sobre os nabos. O povo diz: "Mostarda come os nabos". Estes simplesmente "crescem para trás" e desaparecem.

Citros x citros

Quando uma espécie impede a germinação de suas próprias sementes, é porque não haveria a possibilidade de crescerem mais plantas da mesma espécie num mesmo lugar. Enquanto o babaçu e outras palmeiras nascem uma abaixo e ao lado da outra, até formarem uma capoeira tão densa de touceiras que elas não se desenvolvem direito, outras plantas, como o citros, não prosperam. Apesar de o citros ser nativo da China, tem o mesmo hábito de nossas árvores nativas. O citros expele de suas folhas uma substância inibidora da germinação, para que nenhuma de suas próprias sementes consiga nascer perto da árvore-mãe. Com isso, há a garantia de seu desenvolvimento satisfatório.

Parece que a maioria das árvores nativas tem essa propriedade, porque, na mata virgem, árvores da mesma espécie aparecem distantes umas das outras. Assim, o serviço dos seringueiros fica difícil, por terem de caminhar muito de uma seringueira à outra. E os exploradores do pau-brasil, tão estimado na Europa há 200 anos, assim como os de mogno, devastaram muita área de mata para retirar alguns troncos da madeira cobiçada.

Alfafa x alfafa

Alfafa (*Medicago sativa*) é uma leguminosa muito apreciada em clima temperado, por ser a forrageira mais rica em proteínas. Nos trópicos, há muitas plantas normalmente mais ricas em proteínas que a alfafa, como puerária (*Pueraria phaseoloides*), soja-perene (*Glycine wightti tinaroo*), leucena (*Leucena leucocephala*), siratro (*Macroptilium atropurpureum*) e mucuna-preta (*Mucuna aterrima*). Até os capins, como o quicuio (*Pennisetum clandestinum*), são quase tão ricos em proteínas como a alfafa.

Mas o que torna a alfafa especial é que cresce bem em terras neutras a levemente alcalinas e suporta um clima bastante seco, por ter raízes muito profundas, podendo utilizar um nível freático entre 2 e 2,5 metros de profundidade – além de proteger os capins do excesso de insolação e ser uma planta muito amigável, impedindo a germinação de suas próprias sementes. Talvez restrinja o número de plantas por área, por ser muito exigente em relação ao boro. Assim, se o nível de boro for limitado e o número de plantas for alto, a alfafa pode se autoextinguir.

Sorgo x sorgo

O sorgo (*Sorghum vulgare*), uma planta cada vez mais usada no Brasil, é autointolerante, quer dizer, impede o nascimento de suas sementes durante meses. Isso ocorre porque o fungo que se assenta em sua palha e que inicia a decomposição, o *Penicillium urticae*, produz uma substância inibidora da germinação, a patulina. Assim, obtém-se a rebrota da soca, mas não se consegue ressemeá-lo.

Papoula x cevada

A papoula (*Papaver somniferum*) é uma praga nos campos de trigo e centeio da Europa. Aparece em grande quantidade, porque tenta eliminar o excesso de cálcio que as culturas não conseguiram gastar. Embora um campo de trigo amadurecendo, cheio de flores de papoulas vermelhas, seja algo encantador para artistas e o povo em geral, para o agricultor é uma praga. A papoula, além de ser uma praga, é uma planta alelopática, que diminui radicalmente o rendimento da cevada. Isto porque a cevada também gosta de solos ricos em cálcio com pH neutro a alcalino (mas também com presença de sais, situação em que predomina).

Aipo x alface

O aipo (*Apium graveolens*) é uma verdura muito apreciada. É famoso por necessitar de boro no solo, o suficiente para seu crescimento. Se houver falta de boro, seus caules racham e as suas folhas centrais não se desenvolvem. Mas ele hostiliza francamente a alface, que, em sua vizinhança, pouco cresce e nunca chega a florescer.

PLANTAS QUE SE HOSTILIZAM

O homem ocidental considera tudo inferior a ele. Toda a natureza, sob seu ponto de vista, só existe para ser explorada e aproveitada na obtenção de lucros. Plantas não são dignas de serem consideradas, a menos que produzam colheitas comercializáveis, *cash crops*. Para ele, planta não sente, não anda, não fala, não se comunica, enfim, tem o que ele chama "vida vegetativa". Vive sem sentimentos e sem comunicação. Será?

O fato é que consideramos somente "nosso mundo", constituído por ondas eletromagnéticas médias, possíveis de serem captadas/percebidas por nós. Tudo o que ocorre na forma de ondas curtas ou longas está fora do alcance de nossa percepção natural, embora seja um mundo tão real quanto o nosso. Apenas é inalcançável para nós, como: a conversa e o riso dos peixes, os gritos das cobras ou as mensagens das plantas.

Na vida vegetal, as mensagens são químicas. É um mundo silencioso, mas eficiente e, às vezes, muito violento. O fundo da vida é químico. Inclusive os genes, nosso código genético, não são partículas, mas se manifestam por mensagens químicas. Assim, as brigas, as amizades, os gritos de horror e até os pedidos de socorro são feitos por meio de substâncias químicas. Elas são excretadas pelas raízes para defender seu espaço, como fazem todas as plantas da mesma variedade para garantir seu quinhão de solo. Por isso, duas variedades de arroz, por exemplo, plantadas alternadamente no mesmo campo rendem mais que uma. Isto porque as raízes podem penetrar no espaço da outra, aumentando o volume de solo que pode ser aproveitado. As plantas podem exalar um suave perfume através das flores para chamar as abelhas e outros insetos que as ajudam na polinização. Também lançam aerossóis pelas folhas para se comunicar, inclusive com insetos, chamando por socorro seus amigos quando são atacadas por pragas ou defendem o espaço ao seu redor, como fazem as laranjeiras, para que suas sementes não nasçam debaixo delas. É tanto um amor quanto uma guerra química de potencial assustador. E isso o homem tem de respeitar, para não sofrer surpresas desagradáveis.

Geralmente apreciamos as armas químicas das plantas, como vanilina/baunilha, terebintina, teína, cafeína e outras. Elas são o segredo da biodiversidade na mata. Muitas vezes, após se roçar um pomar antigo de macieiras, laranjeiras, pessegueiros ou videiras, é quase impossível plantar a mesma variedade no mesmo terreno. A rotação de culturas dirigida é uma maneira empírica de aproveitar esta inibição química para controlar plantas indesejadas, mas pode ser também um fracasso. Assim, por exemplo, a soja produz genisteína, daidzeína e coumestrol, que controlam várias plantas nativas. Ainda se utilizam excreções de patógenos, como do fungo que causa a estrelinha em laranjeiras (*Colletotrichum acutatum*, a podridão floral dos citros – PFC) para controlar a invasão de *Vicia*. As substâncias com efeito alelopático são constituídas especialmente por compostos fenólicos (flavonoides, catecol, ácido benzoico), diversos alcaloides (inclusive cafeína) e isoprenoide ou terpenoides, propriamente produzidos por fungos e outras. Portanto, a alelopatia pode prejudicar o agricultor, mas pode se tornar uma ferramenta no combate de invasoras (Dobremez *et al.*, 1995).

No Pará, foi plantado gergelim. Em todo o Nordeste, se planta e se adora gergelim, o famoso "sésamo" dos árabes, que dele faziam o azeite sagrado para ungir seus reis. Mas nos trópicos monocultivos não funcionam, pois permitem o estabelecimento de muitas doenças. Foi aconselhado que se plantasse sorgo, uma planta muito resistente, com raízes profundas, podendo medrar bem em regiões pouco chuvosas. Foi uma boa ideia. Sorgo de fato vai bem mesmo em solos pobres e clima semiárido. Nesse sentido, foi importada semente de sorgo, uma semente bonita e graúda. Ela foi plantada em rotação com o gergelim. Mas o sorgo não quis se desenvolver, nem pensou em crescer e florescer.

Tudo piorou. Por quê? Porque sorgo e gergelim se odeiam, e um tenta eliminar o outro. Existe lugar para um, mas não para os dois. O agricultor tinha de optar: sorgo ou gergelim. Por que os dois se odeiam tanto? Não se sabe, somente se sabe que vivem em guerra total e deixam suas "minas" no solo para depois aniquilar a cultura seguinte. Mas o sorgo também é autointolerante e não nasce bem após uma cultura de sorgo, além de prejudicar o trigo.

Por outro lado, a cevada, quando em condições de salinização do solo, faz a papoula desaparecer, invadindo os campos de centeio e de trigo. A explicação é simples. A papoula aparece onde existe excesso de cálcio. E a cevada cresce especialmente em solos alcalinos a salinos e muito ricos em cálcio e sais (como sódio). Ela retira os cátions, particularmente sódio e cálcio (este propicia o aparecimento da papoula), eliminando-a.

No Paraná, foram plantadas batatinhas. Mas a região era horrivelmente descampada, e o vento prejudicava as culturas. Era uma época em que se pegou gosto pelo girassol, que produzia um óleo muito apreciado e tinha raízes profundas, que encontravam água onde as outras culturas não a alcançavam mais. O girassol necessita de muito cálcio e boro, mas se desconhecia esse fato na época. Plantaram o girassol como quebra-vento, aproveitando seu rápido crescimento. Mas o girassol não quis crescer, e a batatinha, muito menos. Os dois ficavam pequenos e não se desenvolviam, tanto com adubo e irrigação quanto sem eles. Nenhuma das duas culturas conseguia formar flores, porque se combatiam até o fim. Apesar de serem plantadas a 50 metros de distância, não se conseguia proteção. Uma cultura invadia a outra e seus aerossóis matavam as plantas. E uma planta é aniquilada quando não consegue florescer e frutificar, como uma família humana que se extingue quando não se consegue gerar filhos.

Aveia-preta e batatinha também não se dão. Mas neste caso não são os aerossóis e excreções radiculares, mas os mesmos nematoides que passam de uma cultura a outra. O mesmo ocorre com aveia-branca e milho. Porém, a batatinha, que é do alto dos Andes, conserva sua amizade com o amaranto, um primo gigante do caruru, o famoso *kiwicha*. Quando os dois crescem perto um do outro, se beneficiam mutuamente. É um amor que não se apaga.

Existem aversões muito esquisitas. Quem planta ervas medicinais sabe que hortelã plantada depois de camomila possui muito pouco óleo aromático. Porém, planta-se a hortelã ou menta justamente por causa desse óleo, utilizado na fabricação de remédios e balas. Mas a hortelã não retribui essa aversão. Ela é 100% cavalheira. E a camomila, que se segue à hortelã na rotação, é muito mais rica e cheirosa que qualquer outra.

Colza, especialmente uma variedade dela plantada no Canadá, a canola, é muito intolerante aos capins, como o marmelada (*Brachiaria plantaginea*). Portanto, é uma cultura que praticamente não prospera sem herbicida.

Essa guerra entre as plantas faz com que muitas rotações de culturas fracassem quando se desconhecem suas relações "diplomáticas". Não basta que o homem mande. É bem mais prudente respeitar as relações existentes e tirar proveito delas.

POR QUE PRODUTO ORGÂNICO É MENOR?

É tão arraigada a ideia de que produto orgânico é menor que muitas pessoas, quando vão à feira e encontram frutas ou verduras pequenas, acreditam que sejam orgânicas e as compram. Nunca lhes passou a ideia de que poderiam ser refugo de produto convencional, o que normalmente são. E quando se vai ao supermercado e se olha a seção orgânica, dá até dó. Tomates pequenos e deformados, couve--flor que mede ¼ da convencional, cebolas que parecem miniaturas. Mas os preços são três, até nove vezes maiores que os dos produtos convencionais. Paga-se o quê? O trabalho humano intenso e a garantia de que não contêm resíduos tóxicos.

Bem, garantir que não há resíduos tóxicos é difícil. Pode-se garantir que foram produzidos sem uso de agrotóxicos, porque o solo ainda pode estar contaminado com clorados, que se conservam no solo por até 35 anos, além dos venenos que evaporaram durante a pulverização dos campos convencionais vizinhos (e que podem ser até 60% do total da área), subiram às nuvens e voltaram com as chuvas, bem como os que são trazidos pela deriva. O solo sempre é contaminado pelas chuvas, ou seja, pelos venenos que elas podem trazer. E os venenos são tantos que tudo está contaminado: os oceanos com baleias, peixes e camarões, as calotas de gelo polares e as geleiras andinas, os ursos-

-polares e os pinguins, as araras e os poços da mata atlântica, tudo. De modo que ninguém pode garantir que o alimento está isento de agrotóxicos, somente se pode garantir que é produzido sem uso de agrotóxicos. E isso é muito pouco, porque os defensivos orgânicos também podem ser bastante tóxicos, como a calda sulfocálcica, a rotenona e outros. A possível vantagem que seria o maior valor biológico do produto, porém, não existe em cultivos que, de alguma maneira, tiveram que ser defendidos.

Os produtos orgânicos também trazem garantia de terem sido produzidos sem adubos químicos hidrossolúveis, mas com adubos de pouca solubilidade ou somente com composto. Os adubos pouco solúveis (como as rochas moídas) desequilibram menos os outros nutrientes do solo e possibilitam menor indução de doenças e pragas. Mas a grande vedete é o composto, que se acredita ser adubo químico em forma orgânica, ou seja, NPK orgânico. Outra decepção. Para fazer composto, compra-se todo o tipo de esterco que se pode conseguir, como de granjas de frangos de corte ou de gado de leite convencional, e toda a matéria orgânica à venda, como torta de filtro das usinas de álcool, bagaço de laranjas das esmagadoras que produzem suco, ou bagaço de bananas das fábricas de geleia, todos de cultivos convencionais. Não há dúvida de que não é químico em forma de sal. É orgânico, porque é oriundo de produtos vegetais ou animais. Mas eles podem conter tantos resíduos de agrotóxicos, de "promotores de crescimento", de antibióticos, de vermífugos e de outros produtos químicos que as plantas nutridas com este composto, às vezes, contêm bem mais substâncias tóxicas que produtos da agricultura convencional. E, ainda, resultam em produtos pequenos e feios.

Normalmente, a conta é a seguinte: "Com 40 t/ha de composto, acrescentei metade do NPK no meu cultivo que o vizinho convencional". Certo? Não, errado!

Composto não é NPK em forma orgânica. Composto é matéria orgânica semidecomposta e, mesmo assim, é somente alimento para a microvida: fungos e bactérias do solo. A vida que se deve alimentar vive na camada superficial do solo. Mas como se imagina que seja NPK orgânico, enterra-se o composto até 35 ou 40 cm de profundidade, onde existem condições completamente anaeróbias. Nessas camadas, as bactérias que decompõem o composto, em lugar de liberar gás carbônico (CO_2), produzem metano (CH_4), gás muito tóxico para as raízes. O enxofre que existia na matéria orgânica, em forma de SO_3, perde seu oxigênio e se transforma em gás sulfídrico (SH_2), que é muito tóxico para as raízes e as folhas. Aí as raízes fogem para a camada bem superficial do solo (até 4 cm). Por isso, as plantas estão famintas, pequenas e somente sobrevivem com muita irrigação, produzindo pouco e miseravelmente. Todos perguntam: "como sei que enterrei minha matéria orgânica profundo demais? Não sou especialista, não posso adivinhar".

Não é preciso adivinhar, somente cheirar o solo. Se o cheiro é de ovo podre ou de pântano, a matéria orgânica foi enterrada profunda demais. Sempre é melhor deixar a matéria orgânica na camada superficial, como a natureza ensina. Dessa forma, os produtos orgânicos vão ficar maiores e muito mais saborosos que os convencionais.

ORGÂNICO SEMPRE É ECOLÓGICO?

Geralmente, não. Acredita-se que orgânicos sejam alimentos nos quais não foram usados produtos químicos. Porém, o solo não é cuidado para o cultivo e, via de regra, encontra-se em péssimas condições físicas e biológicas. Os agricultores orgânicos têm a curiosa ideia de que, usando composto, o solo tem de melhorar de qualquer maneira, tanto faz até onde o enterrem. Até estão convencidos de que quanto mais misturam o composto com a terra, melhor ela deveria ficar. E depois se decepcionam muito quando isso não acontece e seus produtos ficam absolutamente inferiores.

Também acreditam que qualquer material, como resíduos agroindustriais, lixo vegetal urbano, isto é, as sobras das cozinhas de frutas e verduras convencionais, lodo de esgoto urbano ou esterco de granjas convencionais, seja orgânico. Nesse caso, especialmente, quando são compostados, embora com grande quantidade de produtos químicos.

Na agricultura natural, esse material, ainda que de origem orgânica, é considerado "sujo", não contribuindo à saúde do solo. E como visa à saúde, bem-estar e paz para a população inteira, a saúde do solo é fundamental. Normalmente o agricultor não ambiciona a sustentabilidade de sua atividade, mas somente o "preço acrescido", o maior lucro.

A agricultura somente será ecológica quando se trabalhar segundo as normas da natureza. Não é a agricultura tradicional, embora a dos índios fosse orientada pela natureza e pela religião. A agricultura ecológica não é uma volta ao passado, mas um avanço. A ciência atual é simplesmente fatorial. Trata fator por fator e até somente frações de fatores, combate especialmente sintomas e nunca se pergunta pelas causas. Por isso, conforme o ângulo do enfoque, as "verdades científicas" mudam constantemente.

A ciência agroecológica vê e trabalha com os ciclos e sistemas da natureza (ecossistemas), incluindo o próprio homem em sua visão holística, ou seja, por inteiro. E este inteiro inclui solo-planta-animal--homem, por isso inclui o aspecto tanto agrícola quanto social e ético e, portanto, também o político e econômico. Dessa forma, usar composto pode ser orgânico, mas nunca ecológico. Para ser ecológico, é preciso trabalhar de acordo com a natureza e esta, por exemplo, conserva sua matéria orgânica sempre na camada superficial, o horizonte orgânico.

PARTE II – CASOS

DRENAGEM

Uma comunidade de agricultores orgânicos chamou-me para ir à Argentina. Cultivavam tomate, pepino, alface, espinafre e outras verduras em estufas, mas se desesperaram porque quase 30% da área não produzia quase nada. As plantas simplesmente não se desenvolviam. Enquanto algumas já começavam a produzir, outras permaneciam pequenas e, às vezes, morriam. Vieram fitopatologistas da Universidade de Buenos Aires, mas não puderam descobrir fungos, nem bactérias ou vírus. Acreditavam que fossem manchas de solo extremamente pobres e aumentaram as doses de nitrogênio até o equivalente a 750 kg/ha. Mas o efeito foi zero e, às vezes, ainda provocava doenças.

Os agricultores eram pobres e não tinham muito mais que a terra onde se encontravam suas estufas. Uns até se endividaram por causa disso e estavam prestes a ir à falência. As plantas resistiam a todos os tratamentos e não cresciam.

Olhei as plantas e, como de costume, arranquei uma para ver a raiz, que era pequena e superficial. O agrônomo que me acompanhava explicou que a ureia era aplicada em cobertura e, por isso, as raízes não desceram, permanecendo superficiais. Tirei outra planta e, da parte inferior da raiz, pingava água. Pedi uma pá, mas não tinham. Trouxeram somente uma pequena enxada. Tirei um pouco de terra.

Pingava água, e estrias de ferrugem apareciam no solo. Peguei um papel indicador para descobrir o pH. Era 7,8 e, em alguns lugares, até 8,2. Não havia análises de solo. Então somente restava observar mais de perto as outras plantas. Encontrei um pé de tomate em que a fruta parecia um saquinho cheio de água. Achei um pé de alface em que as folhas novas eram pálidas e algumas, encarquilhadas. Era a deficiência de cálcio. Então o pH indicava sódio. Os agricultores que me rodeavam me olhavam curiosos e esperançosos.

– E então, o que faremos? – perguntaram.

– Drenar. Vocês têm de baixar o nível freático até, no mínimo, 50 cm abaixo da superfície. Nenhuma planta de cultura suporta água salina nas raízes.

– Sabemos que aqui tem água salina e o nível freático é alto.

– E por que não drenaram? – perguntei.

– Porque isso é banal demais.

Todos procuravam algum fungo, bactéria ou vírus que causa a estagnação de crescimento ou, no mínimo, alguma deficiência mineral. Além disso, drenar é difícil, porque todo o terreno é plano; de Mar del Plata até Córdoba não há muito declive.

– Mas devem crescer girassol e sorgo? – perguntei.

– Crescem!

– Então plantem em todo o terreno ao redor, porque eles gastam muita água e drenam o terreno. Também devem combater o sódio. Em forma de carbonato não é tão tóxico. Se usarem sorgo como adubação orgânica nas estufas, durante sua decomposição, ele vai transformar o sódio em carbonatos. Não foi que o professor Jorge Molina recuperou 20 milhões de hectares de solos salinos na Argentina somente com sorgo? Mas parece que santo de casa não faz milagre.

Eles me olharam e depois sorriram. Era tão fácil, mas ninguém tinha olhado as raízes das plantas.

O FURO NO CANO

A palestra tinha terminado muito tarde. Não era exatamente a palestra, mas a sessão de perguntas, que parecia não terminar mais. Tinham me perguntado antes como queria que eles se dirigissem a mim: engenheira, doutora ou professora? Eu sabia que cada título era uma barreira, impedindo que muita gente se sentisse à vontade.

– Podem me chamar Ana, é mais fácil – disse eu.

Suspiraram aliviados. E depois disso, do mais humilde agricultor ou "campesino" até o mais orgulhoso fazendeiro ou professor de universidade, todos se sentiam à vontade. O intercâmbio foi ótimo, as perguntas pipocavam, muitos também falaram de suas experiências, e o tempo passou voando. Somente um pequeno agricultor estava impaciente e cada vez mais nervoso à medida que o tempo passava. Queria que fôssemos ver sua terra. Tinha menos de um hectare, onde plantava ervas medicinais, das quais vivia. Já era noite. O pessoal da ONG que o atendia me pressionava: tem de ir lá.

O homem é pobre e quase 25% de sua terra não produz mais nada. Ninguém sabe por quê. Fomos lá. Com a luz de faróis de três carros, entramos no campo dele. Pedi uma enxada e abrimos o solo. Mesmo na luz artificial, via-se que o solo estava mosqueado: vermelho mais escuro, mais claro, com manchas acinzentadas e até azuladas.

– Você tem aqui algum problema com água que estagna de vez em quando? – perguntei.

O rosto do proprietário se iluminou.

– Ah, sim. Aqui meu cano de irrigação tem um furo – disse ele.

– Bem, então pegue *Durepoxi* e feche-o. Depois sua terra vai produzir novamente.

Ele olhou incrédulo.

– Esse furinho já me deixou perder duas colheitas?

– Sim, este furinho – respondi.

Tinham procurado por uma grande razão, impressionante, aterrorizante, e ficaram até decepcionados que a causa fosse tão insignificante como uma pequena rachadura no cano, que vazava água e encharcava o solo, impedindo a presença de ar junto às raízes (as raízes são os "pulmões" das plantas).

A PEDRA-POMES

Ocorreu nos Andes equatorianos, em um assentamento de pequenos agricultores, todos nativos indígenas. Os agrônomos se queixavam amargamente da preguiça dos nativos, que se negavam a usar cobertura de solo, única maneira de se conservar a pouca umidade que havia ali por um pouco mais de tempo. Nessa região, mal chovia 300 mm por ano e, apesar da altitude de 3.600 metros, isto era pouco demais para conseguir colheitas razoáveis. Deveriam irrigar, mas não havia água suficiente nem para metade da terra. Então tinham de economizar.

O solo coberto perdia menos água e, de fato, após seis semanas de seca, ainda estava úmido. Mediram com seu *moisture-teller*, um aparelhinho importado, e constataram que a umidade era adequada para plantar milho ou aveia enquanto a terra descoberta estava seca. Daí a ideia salvadora de cobrir a terra. E como por perto havia grandes jazidas de pedra-pomes, um parente do basalto, quer dizer, lava vulcânica que esfriou no mar em lugar de se derramar em cima da terra, ela era ideal, porque era rica em minerais. Além disso, durante sua decomposição, fornecia elementos nutritivos ao solo. Como a pedra era leve e porosa na forma britada, dava uma cobertura muito boa. Os nativos nos rodeavam com caras fechadas.

– Mas não cresce mais nada nesta terra – insistiam eles.

– Cresce sim, mas vocês são preguiçosos demais para buscar a pedra. Vejam como a terra é úmida, ainda com 65% de umidade.

– Mas não cresce nada – insistiam os nativos.

Nunca duvido de que o agricultor tenha alguma razão. Por ser analfabeto, não significa que seja estúpido, já que ler e escrever, em realidade, é somente um ofício como outro qualquer. Apenas, atualmente, se exige que todos o saibam. Porém, o agricultor tem suas experiências. Mas por que a terra não produzia?

Raspei um pouco a camada branca de pedra-pomes e deitei a mão na terra. Ela estava gelada. Estimei que não tivesse mais que 2 °C. Aveia necessita de 6 °C, batatinhas, 10 °C, milho, 15 °C para nascer. De fato, ali não podia nascer nada.

– Já pegaram nesta terra alguma vez? – perguntei.

– Não, naturalmente não. Medimos a umidade com este aparelho.

– Então deitem uma vez a mão na terra.

Eles ficaram espantados.

– Meu Deus, como é fria!

O problema era que nesta altitude a luz solar já era fraca. E a pedra branca refletia a luz solar, de modo que o solo não podia mais aquecer.

– E agora? – perguntaram eles. Mas a solução não era tão difícil.

– Se vocês misturarem a pedra superficialmente com o solo, ela ainda permanecerá na camada superficial, e o solo, que fica exposto ao sol, continuará de cor preta, como antes. Assim, a pedra impede a evaporação rápida da umidade e a cor preta capta o calor como antes.

Deu certo e conseguiram novamente plantar milho e batatinhas. Colhiam melhor, porque o solo se conservava mais úmido.

PRODUTO ORGÂNICO É PIOR?

Era um horticultor grande. Plantava bastante terra e tinha 15 boias--frias trabalhando em sua terra e um agrônomo para dirigir toda a propriedade. Tudo funcionava segundo as normas internacionais de agricultura orgânica, e sua produção era certificada. Ele vendia com o selo *Demeter*, que é o melhor que existe para orgânico. A venda por preço diferenciado funcionava bem. Tinha galpões de empacotamento e duas vezes por semana aparecia o caminhão do supermercado para levar as bandejinhas com as verduras bem acondicionadas, com a marca do sítio e o selo orgânico. Tudo parecia perfeito, menos a produção.

O homem produzia enormes quantidades de composto, em torno de 1.200 t/ano. Seus caminhões vasculhavam toda a redondeza para trazer esterco suficiente e matéria orgânica, que, para mim, não era exatamente orgânica, porque era produzida de maneira convencional, e colocava 40 t/ha de composto, uma quantidade considerável. Mas a produção não funcionava.

Metade das mudinhas morria após ser transplantada, e o restante crescia cada vez menos. A irrigação era contínua. Perguntei por quê. Disseram-me que as plantas murchavam já com duas horas de sol. O produto final era disforme, insípido, duro, menor e muito menos apresentável que as verduras convencionais, e as cenouras até eram acres.

Afirmavam-me que produto orgânico é assim mesmo. Como já disse, conheço gente que, na feira, somente compra o produto pior porque acredita que seja orgânico. Na verdade, é somente refugo do plantio convencional. Pouco a pouco os compradores se desanimaram e, para acompanhar as bandejas, ele fazia panfletos que diziam que produto orgânico é menor, disforme, mais duro, menos saboroso, mas que não possui resíduos tóxicos. Porém, lembrei-me das verduras fabulosas de minha mãe, que nunca usou nenhum adubo químico, e que eram belas, grandes e saborosas, podendo concorrer vantajosamente com qualquer produto da agricultura convencional química.

O agricultor aqui já tinha muitas dívidas e me informou que precisaria desistir e voltar à agricultura química, o mais tardar em seis meses, porque não aguentava mais os prejuízos. Olhei o sítio muito bem cuidado, peguei um punhado de terra, da qual pingava água, arranquei uma raiz de berinjela, depois uma de cenoura e, mais tarde, uma de repolho e uma beterraba. O quadro era sempre o mesmo. Raízes pequenas demais para as plantas, compactas e superficiais. Fugiam do excesso de umidade, à procura de ar. Cheirei a terra e me espantei com o cheiro de pântano. Era tipicamente o odor de gás metano e de gás sulfídrico, ambos tóxicos para as raízes. Era sinal de uma decomposição anaeróbia da matéria orgânica. Cavei um pouco mais fundo e, finalmente, a 35 cm encontrei o composto.

– Por que você enterra seu composto tão profundo? – perguntei. O homem se espantou com a pergunta.

– Para as raízes encontrarem nutrientes quando descem no solo – respondeu ele.

– Pois acontece que suas raízes não descem por causa desta matéria orgânica enterrada. Aqui, no trópico, a partir de 15 cm, o solo é anaeróbio. As raízes não suportam gases tóxicos.

Ele não se deu por vencido.

– Mas o NPK também é enterrado para que as raízes encontrem nutrientes lá embaixo.

– Correto. Porém, primeiro: composto não é NPK em forma orgânica e, segundo, muitas vezes, como, por exemplo, no caso da soja, não se consegue aproveitar o adubo que se coloca a 15 cm de profundidade, porque, até que a raiz cresça tão profundo, uma laje já se formou e impede seu caminho. Em seu caso, as raízes fogem tanto do excesso de umidade quanto dos gases tóxicos. Não têm possibilidade de crescer.

O horticultor me olhou desconfiado. Era europeu e lá funcionava.

– Bem, aplique seu composto somente na superfície do solo – disse eu.

– Isso não funciona, porque assim perderei todo o nitrogênio.

– Deixe perder, não vai fazer falta. Se a decomposição for aeróbia, fixadores livres do ar fixarão muito mais nitrogênio do que você pode perder.

O homem não se conformava ainda.

– Mas se faço isso, todas as raízes permanecerão na superfície, dentro da camada de composto, e não crescerão para baixo – afirmou.

– Se fazem isso é porque elas procuram boro. Então aplique 8 a 12 kg/ha de bórax antes de preparar a terra – expliquei.

Cheio de dúvida, o agricultor fez sua primeira área de experiência. Mas o que aconteceu depois deixou todos estupefatos. Ocorreu uma verdadeira "revolução verde", e os produtos orgânicos se tornaram maiores, mais tenros, saborosos e de melhor aspecto que os convencionais e, além disso, conservavam-se melhor. Era uma mudança tão grande que o supermercado não quis acreditar que os produtos ainda eram orgânicos. Os vizinhos "convencionais" converteram-se para orgânicos para também terem hortaliças tão boas.

A fim de poder controlar melhor e constantemente seu solo, o agricultor treinou seus boias-frias para que o avisassem imediatamente se algo não estivesse certo. Os diaristas se empolgaram com seu trabalho, porque não eram mais simples mão de obra, mas colaboradores. E tudo funcionou tão bem que o agricultor os tornou seus associados, com participação nos lucros. Os vizinhos também cooperaram com ele para participar dessa empreitada. Ninguém acreditava que agricultura orgânica pudesse produzir tão bem. Pode, mas quando segue os princípios ecológicos e quando as práticas agrícolas se inserem nos processos da natureza, dá muito mais certo.

QUANDO AS RAÍZES ENGROSSAM

Ele foi considerado o melhor agricultor orgânico na redondeza da capital. Era o orgulho de sua ONG, que se derretia de satisfação.

– Isso você tem de ver. É uma verdadeira beleza – diziam eles.

A horta era boa, e de fato as verduras eram melhores do que as dos outros agricultores orgânicos dessa ONG. Mesmo assim, as verduras eram pequenas e não alcançavam um tamanho normal. Não havia doenças e parecia tudo um mar de rosas, ou melhor, de repolho. Somente a superirrigação me intrigava. O terreno estava todo encharcado.

– Por que vocês irrigam tanto? – perguntei. O pessoal ficou surpreso.

– Não é nada demais.

Nas beiradas dos canteiros, crescia vegetação nativa, para não deixar o solo descoberto. Mas a planta mais frequente era a erva-lanceta (*Solidago microglossa*), capim-rabo-de-burro (*Andropogon spp.)* e algum capim-sapé (*Imperata exaltata*). Todos indicavam um solo bastante ácido, não aconselhado para brassicáceas. Alguma coisa estava errada.

– Posso arrancar um pé de repolho? – perguntei.

– Claro que pode – o agricultor concordou.

Olhei as raízes: eram todas curtas, grossas, até bulbosas, com poucas radículas. Às vezes, formavam até uma espécie de batatinha.

– Digam-me, por que o repolho faz isso? – indaguei.

Todos se olharam e depois me explicaram que repolho é assim mesmo.

– Claro, porque vocês têm aqui uma deficiência violenta de cálcio. Por isso também têm pés que não conseguem fazer uma cabeça. As raízes engrossam e não conseguem mais absorver direito, e as plantas murcham com facilidade, e por causa disso vocês irrigam tanto.

Todos se olharam perplexos:

– E o que fazer?

– Naturalmente, realizar uma calagem. E se vocês não têm nenhuma análise do solo, coloquem, por enquanto, 1.000 kg/ha de calcário dolomítico e, depois, controlem um pouco seu pH, que deve estar em torno de 4,5, como sugerem as plantas nativas que crescem aqui. Seu repolho vai melhorar e crescer melhor com menos irrigação.

Cerca de quatro meses depois, quando andava no centro de São Paulo, de repente, alguém me abraçou. Era o agricultor do repolho.

– Estou tão feliz e tão grato. Apliquei calcário e o repolho tem quase o dobro do tamanho e a irrigação pôde ser bastante reduzida. Agora ponho água somente a cada dois dias e não mais dia e noite. Como sabia que faltava cálcio? – perguntou.

– Como sabia? Somente observando. Se alguma coisa não estava normal, e não era a irrigação, então devia ter alguma razão que precisava ser removida. E, neste caso, se procura até achar a causa.

RAÍZES AMARRADAS

Dei um curso no Equador, e me pediram para visitar uns plantadores orgânicos de tomate.

Tinham estufas muito bem feitas, grandes composteiras e, em cada canteiro, havia três "tripas" para irrigação de gotejamento. Os tomateiros pareciam bem sadios, mas cada vez que a primeira penca de frutas começava a amadurecer, o pé morria. Chamaram os fitopatologistas para encontrar a razão, mas não havia fungo, bactéria ou vírus que causasse essa morte súbita. Procuraram por nematoides, mas também não tinham. A causa ficava cada vez mais misteriosa, e o horticultor cada vez mais desesperado. Vieram até estadunidenses para estudar o caso, mas não encontraram nada. Era uma doença estranha, inexplicável e ruinosa. Já ficavam com medo de que o agente patológico pudesse espalhar-se para outras estufas e acabar com a cultura de tomates.

Olhei os tomateiros: alguns já estavam morrendo.

– Como já não vão produzir mais, posso arrancá-los? – perguntei. Eles dizem sacar. O proprietário permitiu.

– Claro, nem precisava perguntar – disse ele.

Arranquei um pé de tomate. A raiz era pequena, muito compacta e estranhamente amarrada. Tirei outro pé, a mesma coisa.

– Por que vocês amarram as raízes dos tomateiros? O homem se espantou.

– Amarramos? Como? Ninguém aqui amarra nenhuma raiz.

E mesmo assim tinha um laço de barbante que amarrava a raiz, igual ao que se fazia antigamente com os pés de moças chinesas, para ficarem menores.

O problema era o seguinte: a 5 ou 6 cm de profundidade, posicionavam um arame esticado com barbantes amarrados, nos quais iam prender os tomateiros. Era melhor que estaca, porque podiam ser deslocados e, assim, produzir mais. Os barbantes ficavam meio soltos, para enrolar mais facilmente os tomateiros ao seu redor. E para que cada pé ficasse no centro do barbante, eles eram plantados exatamente acima, onde se cruzavam arame e barbante. Quando a raiz crescia, o barbante se esticava, formando um laço. A raiz ficava amarrada, confinada a um espaço muito pequeno no solo. Quando esta pouca terra ficava esgotada, e todos os nutrientes eram absorvidos, a planta simplesmente morria de fome.

– Olhe, se você plantar uns 5 cm mais para a frente ou para trás, não vai mais haver morte de tomateiro.

O homem me fitou com lágrimas nos olhos.

– E por causa destes 5 cm já perdi três colheitas! – disse.

NEMATOIDE MATA?

Era na região do Alto São Francisco, um assentamento de pequenos agricultores do Vale do Ribeira que haviam vendido suas terrinhas íngremes e ido para lá. Tudo parecia um sonho. As terras planas, as casas de alvenaria fornecidas pelo governo, com luz e água encanada, aquedutos que traziam a água para irrigar as lavouras e crédito fácil. O que mais se queria? Cada um plantava o que estava acostumado, especialmente banana.

As bananeiras cresciam muito bem, mas quando deveriam soltar as flores, começavam a morrer. Fizeram todos os tipos de exames. Não era "mal do Panamá", sigatoka, fungos ou lagartas. Tudo estava sob controle. Os pesticidas eram aplicados regularmente. Não faltava nada. E as bananeiras morriam. Finalmente examinaram as raízes. Eram nematoides. Foi aplicado Furadan. Era caro, mas para poder produzir a gente faz de tudo. Porém, os nematoides não se intimidaram. As bananeiras continuavam a morrer. O agricultor aplicou cada vez mais Furadan, teve de vender seu caminhão, a casa, fez dívidas. Mas as bananeiras continuavam a morrer. Parecia o paraíso do diabo.

O agricultor ficou desesperado, porque estava arruinado. Esperavam ter uma vida melhor e agora estavam perdendo tudo.

– Pelo amor de Deus, venha ver meu bananal! – disse ele.

Fui lá. O homem cavou e me mostrou as raízes. De vez em quando, mostravam um quisto de nematoide. Mas será que tão poucos nematoides poderiam justificar a morte de uma planta tão grande?

Examinei as raízes; algumas tinham pequenas rosetas e as pontas estavam mortas, em outras, as pontas ainda estavam vivas. Se existem rosetas e a ponta continua crescendo, formando outras radículas, normalmente é deficiência de zinco. Se as pontas morrem, é deficiência de boro.

– Quem controla a irrigação aqui?

Quando as plantas passam por um período de seca, o zinco não é bem absorvido, e surgem sintomas de sua deficiência, que se expressa na forma de entrenós mais curtos de galhos e em distâncias mais curtas entre as radículas, parecendo formar tufinhos. Mas depois a ponta da raiz continua a crescer (na falta de zinco), o que não acontece quando falta boro. A maioria das pontas estava morta. O homem também disse que era ele mesmo quem irrigava, ainda controlando a umidade pelo *moisture-teller*. Então a deficiência de zinco estava descartada. A única maneira de confirmar a falta de boro era verificar a conformação interna dos troncos (pseudocaule).

– Corte quantos precisar – disse o dono do sítio.

Cortamos um e apareceu o famoso anel aguado, tão típico da deficiência de boro. Cortamos outro, e outra vez apareceu o anel de células aguadas. Em um terceiro, o anel de células já começava a apodrecer. Não havia mais dúvidas: era deficiência de boro. Aí sugeri:

– Junte 12 a 15 kg/ha de ácido bórico na água de irrigação.

– Só?

Talvez fosse preciso um pouco mais, mas de qualquer maneira iria resolver o problema. E resolveu mesmo. Somente em um talhão ele teve que aplicar 20 kg/ha de boro. Como foi fácil! O agricultor não precisaria ter perdido tanto dinheiro em um combate inútil aos nematoides, pois de fato era somente deficiência de boro. A raiz teria contado isso. Mas ninguém lhe havia perguntado.

POR QUE MORREM AS BATATINHAS?

– Plantamos um pouco de batatinhas, mas morreram todas – disse-me o gerente geral de uma usina.

Para outra pessoa, 500 hectares teriam parecido muita batatinha, mas para uma grande usina com milhares de hectares de cana-de-açúcar era somente um pouco.

– Mas morreram por quê?

Ele contou que adubaram bem no plantio, mas as batatinhas ficaram amarelas. Só podia ser deficiência de nitrogênio. Fizeram uma adubação foliar com ureia, e elas simplesmente morreram.

Não havia razão alguma para morrer, porque haviam sido irrigadas por três pivôs-centrais. Por que seria? Não adiantava especular o que podia ter acontecido. Era preciso olhar. Abrimos o solo. A batata-mãe estava a 40 cm de profundidade e uma grossa faixa de adubo, a 45 cm. Pelo jeito, a irrigação havia sido boa e não faltava água, porque uma laje bastante dura se encontrava entre 12 e 30 cm de profundidade. Mas como batatinha não desenvolve suas raízes a 40 cm de profundidade, ela tinha criado um tipo de "umbigo", uma haste branca de 10 a 30 cm (semelhante ao mesocótilo em gramíneas), no qual formou seu ponto vegetativo e de onde nasciam as raízes.

Quando as raízes finalmente se desenvolveram e poderiam descer, uma laje compacta já havia se formado sobre a soleira de arado ou grade aradora. A água aspergida pela irrigação tinha destruído os agregados da superfície desprotegida do solo, e a argila tinha sido lavada para dentro do solo, formando uma laje cada vez mais grossa e compacta. As raízes, que estavam acima, não alcançavam mais o adubo, abaixo da laje, e as batatinhas ficavam famintas de todos os nutrientes, sofrendo de deficiência multielementar.

Poderiam saber o que ia acontecer, porque é comum um agricultor dizer: "As batatinhas que plantei antes da chuva não deram nada, mas as plantadas depois da chuva deram uma colheita muito boa". Justamente porque, antes da chuva, as raízes vão se chocar com uma laje intransponível, formada pela água da chuva (no plantio depois da chuva, a laje é previamente rompida). Neste caso, qualquer adubação foliar é temerosa se não for usada uma mistura de muitos nutrientes. No caso do feijão não é diferente.

Assim, quando as batatinhas receberam ureia, este foi o único nutriente de que dispunham. E cada excesso induz a deficiência de outros nutrientes. Neste caso, a ureia agiu como uma solução monossalina, porque as plantas estavam famintas. Cada solução de um só elemento é sempre venenosa, tanto faz se é nitrogênio, potássio ou alumínio. Quer dizer, muito de um nutriente e pouco dos outros nutrientes sempre é prejudicial. As plantas morreram logo em seguida.

– E o que fazer?

Eu ri.

– Plantar como a batatinha exige, a 10 cm de profundidade, e depois aterrar. Assim elas conseguem utilizar o adubo que vocês aplicam e não precisam morrer por causa de uma adubação foliar.

– É ridiculamente simples – disse o gerente.

– É mesmo. Vocês consultam todo mundo, menos a raiz da batatinha. Se tivessem perguntado a ela, não teriam perdido sua lavoura.

CULTURAS PAUPÉRRIMAS EM SOLOS RIQUÍSSIMOS

Ninguém podia acreditar que no Brasil existissem solos tão ricos, férteis. Todos olharam incrédulos para as análises da Embrapa, mas não havia dúvida. Elevados níveis de todos os nutrientes, em parte extremamente altos, e o cálcio beirava o limite do tolerado pelas plantas.

Eram os solos de Fernando de Noronha, onde uma turma de agrônomos foi convidada a fazer um projeto de desenvolvimento. E enquanto esperávamos a partida do avião, imaginávamos um paraíso luxuriante, como o que os descobridores do Brasil tinham encontrado cerca de 500 anos antes. Também nos contaram que era a última parada dos veleiros, para se abastecer com água, antes de começar a travessia do Atlântico.

Além disso, o arquipélago era de origem vulcânica, e os solos eram de cinzas vulcânicas de uma riqueza desconhecida nos trópicos. Porém, seja dito, o Japão também tem solos de origem vulcânica e conseguiu destruí-los com o uso de adubos químicos e as chuvas ácidas dos gases das indústrias. Mas nem indústria, nem adubos químicos em grande quantidade existiam na ilha principal para acabar com o paraíso que nos esperava.

Porém, quando chegamos, vimos somente um tipo de sertão. Boa parte das árvores não tinha mais do que três metros de altura. As fontes secaram, e os estadunidenses tiveram que furar poços artesianos, em torno dos quais, agora, as árvores de mulungu enfileiravam suas raízes, tornando as águas venenosas, imprestáveis ao consumo. E o que tinha restado da vegetação, as cabras haviam destruído.

Visitamos agricultores, todos descendentes de desterrados ou de simples apenados. Diziam que antigamente plantavam uvas, mas que agora elas não frutificavam mais, e as árvores frutíferas que ainda cresciam, como ata ou cherimoia, também conhecida como fruta-do-conde, e laranjeiras, abacateiros e outras mostravam sinais típicos de uma deficiência forte de cálcio.

E isso em solos com 360 $mmol_c/dm^3$ de cálcio. Duvidei dos meus conhecimentos sobre sintomas de deficiências e perguntei ao veterinário da ilha se tinha observado alguma vez a deficiência de cálcio em animais.

– Uma vez? Todos os dias me chamam para dar uma injeção de gluconato de cálcio em uma vaca ou cabra leiteira, e cabra leiteira que cai, não levanta mais e morre quando não é socorrida com esta injeção.

Não entendi mais nada.

– Sabia que estas são as terras mais ricas em cálcio de todo o Brasil? – perguntei.

Ele não sabia. Sempre pensara que as terras fossem extremamente pobres, porque também a deficiência de fósforo era comum no gado, apesar dos 800 mg/kg de fósforo no solo, indicado pelas análises.

Cavamos a terra e em nenhum lugar a camada de solo solto e enraizado era mais espessa que 4 ou 5 cm. Era de se supor que esta camada superficial seria pessimamente lixiviada pela chuva. Mas o que tinha acontecido? Conhecimentos de solo não estavam resolvendo, e se necessitava de dados históricos.

Já na época dos portugueses, a ilha era penitenciária e "ilha de desterro". Ainda existe um forte com canhões que a defendia e abrigava as masmorras. Naturalmente, os presos tentavam fugir, especialmente quando trabalhavam na agricultura. E como lá existe uma madeira bastante leve, o pau-balsa, um parente da paineira, fizeram balsas. Os guardas que tinham de evitar fugas procuraram facilitar sua vida. E, para poder ver com binóculos o que acontecia em toda a ilha, simplesmente queimaram a vegetação para que ela não impedisse a visão. Queimaram durante centenas de anos. Aí o solo, sempre exposto ao impacto das chuvas tropicais, se compactou de tal maneira que a água e as raízes não penetravam mais, e toda a fertilidade fantástica tornou-se inacessível. Era o efeito das queimadas, do fogo, que dizem que não prejudica o solo. Resultou em um paraíso destruído.

Visitamos agricultores tanto para saber o que se podia fazer em termos agrícolas quanto para ajudar, especialmente porque se queixavam de que naquele ano suas colheitas de milho haviam quebrado. Chegamos ao primeiro sítio. O milho era miserável e mostrou o que se iria denominar "seca verde" no Nordeste.

– Você trabalha com trator? – perguntei.

O homem me olhou assustado.

– Não, nunca – ele disse.

Queria saber se ele adubava.

– Sou pobre e não tenho dinheiro para comprar adubo. Acreditamos nisso.

– O seu campo é queimado? – perguntei.

Novamente uma negação. Todos concordaram que seria difícil achar a causa do fracasso. Mas já havia me acostumado a nunca acreditar no que me informavam. Geralmente dizem o que eles acreditam que as pessoas querem ouvir. E isso não precisa ser verdade. Abri o solo e cavei. Já achei impossível que tivesse lavrado tão profundo, quando finalmente, a 38 cm, encontrei a sola de trabalho (soleira de arado). Fiquei bastante chateada.

– Você trabalhou aqui com trator pesado ou usa elefante, porque com burro não se consegue arar tão profundo, nem em terra macia.

O homem ficou incomodado.

– Sabe, este ano a prefeitura mandou tratores para arar, porque consideravam os solos muito duros – disse ele.

Agora procurei a profundidade de plantio e encontrei uma larga faixa de adubo ainda completamente intacta, colocada abaixo das raízes.

– De onde vem todo este adubo e por que você me disse que não adubou? – perguntei.

O homem se torceu, gaguejou e, finalmente, conseguiu dizer que havia sido a Secretaria de Agricultura que tinha mandado o adubo. Agora eu já estava toda desconfiada. Examinei bem uma lasca de terra que tinha extraído e, em todas as profundidades, aparecia cinza.

– Diga-me, de onde vem toda esta cinza, se não há queimada? Aqui foi queimado todos os anos!

Nesse momento, o homem quase chorou.

– Acredite, não fui eu quem queimou. O vizinho queimou e o fogo passou para minha terra.

– Bem, não perguntei quem foi o dono do fósforo, perguntei se o campo havia sido queimado.

Deixou de ser difícil imaginar o que acontecera. Por causa das queimadas anuais, não existiam traços de matéria orgânica no solo e, na camada superficial, não havia agregados. Pela aração profunda, virou-se terra morta em torrões para a superfície, a qual, não resistindo ao impacto da chuva, foi dispersada e adensada superficialmente, ficando muito pior do que era sem virar. O adubo colocado liberalmente dissolveu-se em parte. Mas como faltavam poros maiores e penetrava pouca água, o milho crescia praticamente numa "salmoura" e aí "pifou". A ajuda oficial fez os agricultores perderem sua colheita. Depois um agrônomo do sertão pernambucano nos confirmou: "Pelo fogo, o solo fica duro e o melhor solo não dá mais nada. O que se precisa é acabar com as queimadas, para recuperar os solos com matéria orgânica".

Porém, a pobreza induzida dos solos ainda tinha outros efeitos. Existia um touro gir na ilha, muito manso e querido por todos. Por isso, quando ficou velho, foi simplesmente aposentado e ninguém pensou em mandá-lo ao matadouro. Mas os costumes dele incomodavam. Quase todos os dias, subia solenemente a rampa do palácio do governo, entrava na secretaria e comia a correspondência do dia e os despachos. E depois não sabia como descer. Era uma operação agitada cada vez que se recolocava o touro no campo. Alguns achavam que comer papel era melhor do que comer plantas tóxicas, mas o governador não gostava, porque não era papel qualquer, mas atas oficiais. Pouco a pouco já nutriam a ideia de mandar abater o touro. Mas como estivemos lá para um levantamento, o governador me perguntou:

– O que fazer para que o touro não coma mais os despachos governamentais?

Tive que rir, porque era muito simples. Gado tem um apetite depravado quando está deficiente em fósforo e potássio. Neste caso, come chapéus, jaquetas, plantas tóxicas, papel e tudo que é diferente do capim, na procura desesperada pelos nutrientes dos quais tem deficiência. Quando lhe falta cloro, come a terra onde urina; quando falta cobalto, rói a casca de árvores; quando falta nitrogênio, come o reboco das casas, salvo aquelas pintadas com tinta sintética, de modo que não é muito difícil descobrir a deficiência.

– Mande dar a ele, todos os dias, farinha de ossos, assim não comerá mais os despachos e cartas.

E foi o que fizeram. Dali em diante o touro desprezou a rampa do palácio e nunca mais subiu, nem para matar saudades.

O PASTO MILAGROSO

Era um ano em que a aftosa tinha arrasado os rebanhos do Rio Grande do Sul. Não pela negligência na vacinação, mas o laboratório tinha resolvido baratear a produção da vacina e, em lugar de coelhinhos de quatro dias, haviam usado simplesmente ovos incubados por uma semana. E a vacina não funcionou. Foi uma catástrofe. Durante meses a Secretaria de Agricultura fez levantamentos do prejuízo, e nossa universidade pediu uma cópia da ata. Descobrimos que um único pecuarista não tinha perdido nada. Era como um milagre. O que ele teria feito? Teria ele, no início do surto, usado o remédio antigo: uma colher de querosene na covinha da nuca dos animais? Ou seu gado já era resistente? Ou seus pastos seriam todos diferentes dos outros, com um solo especial, que fazia o gado ser tão bem nutrido que não adoeceu? Eram muitas perguntas e, finalmente, resolvemos formar uma turma de veterinários e agrônomos e visitar essa fazenda.

O pecuarista nos recebeu de maneira muito gentil e nos acompanhou pessoalmente para mostrar seus pastos. De repente, deparei com um pasto de vegetação diferente. Não eram as plantas estoloníferas que dominavam comumente em pastagens, deitando estolões em cima da terra e que enraízam em todos os entrenós. Ali havia somente plantas cespitosas, que crescem eretas em tufinhos, não deitam os colmos e não formam estolões. São típicas de pastagens ceifadas ou fora de pastejo. E isso é uma peculiaridade do Sul, onde a vegetação nativa muda seu hábito em campos pastados e não pastados. Era uma área bastante grande.

– Por que vocês não pastaram aqui durante o último ano? – perguntei. O pecuarista me rebateu:

– Pastamos sim, faz duas semanas que tiramos o gado daqui.

– Não, senhor, aqui não andou nenhum gado. Chame seu capataz. Finalmente o homem apareceu e seu patrão lhe perguntou:

– Não tiramos o gado daqui há duas semanas? – O rapaz coçou sua cabeça, olhou de maneira submissa a seu "amo" e respondeu:

– Não, senhor. Aqui não entrou gado no último ano. O pecuarista não gostou.

– E por que não entrou gado aqui?

– Porque morreram 800 animais de aftosa e este pasto sobrou.

Desde então nunca mais acredito em levantamentos oficiais. Acostumei-me a verificar tudo com os próprios olhos para ter certeza do que realmente acontece.

O PASTO AMAZÔNICO

Derrubaram a selva quase com fúria. Queriam ganhar os subsídios do governo. Só o receberiam se desmatassem no mínimo 5 mil hectares por ano. Nesse caso, o governo arcava com 75% das despesas. E depois plantavam pastagens. Primeiro o capim-colonião, que raramente durava mais de três anos, e depois a braquiária. Tratavam o solo amazônico como se fosse uma fértil argila estadunidense, num clima temperado. Mas era um solo arenoso, paupérrimo, em clima tropical úmido. E a chuva logo em seguida lavava a pouca argila que continha para dentro do solo, formando uma laje dura a 80 cm de profundidade. Ali, a água estagnava, e o único capim que se sentia à vontade era o capim-rabo-de-burro (*Andropogon* spp.), mas que o gado não comia e, quando o comia, ficava com deficiência violenta de cálcio.

Consultaram especialistas sobre o que fazer, e eles aconselharam dinamitar a laje no subsolo e adubar com cálcio, fósforo e nitrogênio. Estava tudo correto, mas eram 75 mil hectares selva adentro, sem estradas apropriadas para o trânsito de caminhões pesados. Teriam de trazer o adubo com helicóptero. Mas quantas viagens seriam necessárias? E quem iria dinamitar a laje em tantos lugares para que a água estagnada pudesse ser drenada? Praticamente era mais um projeto amazônico fracassado, como a maior parte dos outros. Não tinha nenhuma outra solução?

As pastagens estavam tristes. Mas a natureza não consegue recuperar solos destruídos? E se alguma vegetação arbustiva fizesse alguma sombra durante uma ou duas horas por dia, os capins não necessitariam de menos cálcio e menos nitrogênio? E se esses arbustos fossem leguminosas, não iriam mobilizar fósforo? Então o problema da adubação estaria resolvido. Mas com sombra o pasto ficaria mais pobre, e o gado necessitaria de um suplemento. Onde arrumar isso na Amazônia? E se o próprio arbusto fornecesse esse suplemento? Resolvemos tentar. Nessa altura tudo valia.

– E se tentarmos plantar guandu (*Cajanus indicus e C. cajan*)?

O Instituto Agronômico de Belém duvidou.

– Aqui não cresce guandu e, se crescer, não vai florescer, se florescer, não vai formar sementes. É outro clima e outro solo.

Agradeci as informações, mas era a única e última possibilidade de salvar aquele projeto. Iriam perder tanto que mais um pouco já não fazia diferença. No início das chuvas "regulares", lançamos sementes de guandu de um avião pequeno. Para surpresa dos técnicos locais, elas nasceram, cresceram, floresceram e formaram sementes. O capim-braquiária voltou e, graças à sombra que recebeu, esverdeou e cresceu bem. Mas ainda tinha muito rabo-de-burro. Porém, no segundo ano, o guandu fez raízes profundas e rompeu a laje e o *Andropogon* sumiu. Era como um milagre. Vieram turmas de doutorandos dos Estados Unidos para pesquisar o milagre. Nunca tinham ouvido falar de um enfoque holístico. Compreenderam que, onde falham as soluções mecânicas para problemas fatoriais, ainda existem meios naturais para o sistema.

O gado veio, pastou o capim e pastou igualmente seu suplemento, que eram folhas e sementes de guandu. Engordava, até muito melhor do que anteriormente, e a lotação que já tinha baixado para 0,2 animal por hectare subiu novamente para 1,0 rês/ha.

GADO DE CORTE X GADO DE LEITE

A fazenda era muito bem organizada. O dono me mostrava as pastagens, todas em piquetes de 2 hectares, cada um com bebedouro e cocho de sal. Para cada seis piquetes havia um galpão rústico ou um bosque de sombra, para que o gado pudesse ruminar confortavelmente. Era o protótipo do sistema Voisin. O pastejo era rotativo, controlado pela quantidade de forragem, mas também pelos dias de ocupação. Evitava-se deixar que o gado comesse a rebrota. Todos os piquetes eram plantados com capim-pangola ou capim-estrela. Parecia tudo uma beleza. Mas somente parecia. Olhei o capim que deveria ter colmos deitados, mas produzia somente a parte central da planta. Os colmos eram curtos e eretos, nenhum deitado e enraizado nos entrenós. Por isso, o pasto era ralo e em muitos lugares podia-se ver o solo. Não tinha dúvida de que existia uma deficiência grande de fósforo. Arranquei um capim para ver se era mesmo deficiência do solo ou se era somente um defeito no manejo do pastejo, já que ele era pesado demais e não deixava o capim descansar o suficiente. Neste caso, faria raízes curtas e superficiais, porque lhe faltaria energia para poder formar um sistema radicular maior. Mas as raízes estavam razoavelmente profundas.

Perguntei, como por acaso:

– O senhor não tem bastante problema com mastite?

O homem me olhou meio surpreso e assustado:

– Infelizmente, tenho e não é pouco.

Achei também, de vez em quando, um *Sporobolus* (tipo de capim). Ele significava que também faltava molibdênio. Talvez não fosse absorvido pela vegetação porque o solo estava deficiente em cálcio. Nesse caso, o tamanho do gado diminui bastante.

Pedi para ver as vacas, que ele tinha trazido dos Alpes tiroleses, por avião. O proprietário não havia se preocupado em saber se esse gado alpino iria se adaptar ao clima tropical. Simplesmente simpatizara com a cara das vacas. Achava que eram uma beleza, especialmente porque eram de "duplo propósito", isto é, produziam carne e leite, e por isso as trouxe para cá. As vacas importadas eram realmente de tamanho impressionante, mas suas filhas já não eram mais assim. O corpo estava uns 20 a 25 cm mais curto do que o das mães. Muitas com úberes duros e inchados. Quis saber:

– As parições são menos de 70%? – já arrisquei para baixo.

– São menos de 60%. – afirmou o homem.

Será que haviam mandado gado com problema?

Não, não foi esse o problema. Era simplesmente a falta de fósforo na forragem. Voltamos em silêncio para casa. Depois, quando já estávamos sentados na varanda, eu quis saber:

– De onde o senhor tira dinheiro para manter tudo isso? Aqui o senhor só perde dinheiro.

Ele me olhou assustado, mas depois respondeu que era das fazendas de café no Paraná.

– Mas como sabe que estou perdendo dinheiro?

Era simples de ver. Gado de cria nunca prosperaria nessas pastagens. Para gado de corte, que só precisa de proteínas, elas eram ótimas. Antes da importação de Simental, ele era invernador e ganhava muito dinheiro, especialmente quando introduziu o Voisin, capaz de fornecer sempre forragem nova e rica em proteínas. Mas gado novo necessita de muitos minerais para formar seu corpo: ossos, músculos, sangue, nervos, e para poder crescer. E estes solos não os forneciam. O gado de cria era especialmente exigente em cálcio e fósforo.

– O senhor tem somente duas opções: voltar para a engorda de gado ou adubar com fosfato cálcico.

Ele quase chorou.

– Olhe, eu era invernador, mas com isso ninguém faz um nome. O que quero é ter um nome como criador. E esta aqui é a única fazenda em que posso ter gado.

Ele se calou, e depois disse:

– Resolvido. Vou fosfatar, e não pouco, pode ter certeza.

E ele comprou seis vagões de trem com fosfato, porque um nome famoso valia isso.

ORGÂNICO NÃO SIGNIFICA ECOLÓGICO

Em cima dos Andes, na Colômbia, a 3.200 metros de altitude, uma ONG europeia implantou uma propriedade modelo para os camponeses nativos indígenas. Tudo segundo as normas orgânicas, claro, porque lá a agricultura era a tradicional orgânica desde os tempos de Colombo e o descobrimento das Américas. Foram feitos tanques de concreto em que cultivavam plantas aquáticas para a produção de composto. Foram feitas instalações cimentadas para o próprio composto. Fizeram minhocários, para depois soltar as minhocas nos campos. E tiraram a sombra dos cafezais para que produzissem mais.

O próprio nativo recebeu um megafone com o qual mandava suas mensagens, ou seja, as que tinha aprendido, para seus pares nas encostas íngremes das montanhas. Falava-se de metabolismo e fisiologia vegetal, de íons e pH, da fotossíntese e muito mais. Os rostos de seus mestres estavam radiantes.

– Como ele aprendeu bem tudo isso! É um rapaz inteligente!

Tive minhas dúvidas.

– Será que ele sabe e entende o que está dizendo?

Eles me olharam surpresos.

– É evidente que não, mas ele decorou tudo maravilhosamente bem.

– E vocês acreditam que os outros indígenas entendem isso?

Agora as caras se enuviaram.

– Nisso não pensamos ainda. Mas, de qualquer maneira, todos os vizinhos ficaram sabendo que algo de novo estava acontecendo aqui.

Mostravam com muito entusiasmo as composteiras, que de fato já possuíam, em parte, composto pronto para o uso. Enquanto explicavam para os colegas todo o processo de compostagem, olhei um pouco a terra preta dos campos. Naquela altitude, a decomposição é muito lenta, porque mesmo perto do Equador o ar é fresco e rarefeito, assim como em Campos do Jordão, onde o solo contém muita turfa porque a matéria orgânica não se decompõe facilmente. O solo era preto e parecia conter muita matéria orgânica.

– Vocês, por acaso, têm alguma análise deste solo? – quis saber.

Eles tinham, e a análise confirmou minha suspeita. O solo estava com 18% de matéria orgânica.

– Mas me digam, mesmo com 18% de matéria orgânica, vocês pretendem ainda colocar composto?

Eles queriam, porque as normas diziam que era necessário adubar o solo com composto. Afinal, composto para eles era simplesmente NPK em forma orgânica, e uma adubação iria enriquecer o solo e aumentar a colheita.

Para mim, o limite de matéria orgânica estava ao redor de 4,5%. Tudo que estivesse acima desta porcentagem já seria problemático.

Tirei uma mão de solo preto e umas quatro ou cinco minhocas bem dispostas pularam para fora. Por toda parte, o solo era habitado por minhocas que, aparentemente, gostavam daquele ambiente.

– Por que vocês querem soltar minhocas aqui se já têm tantas? – perguntei.

Olharam-me com desprezo.

– Naturalmente porque estas minhocas são apenas nativas, mas as nossas são importadas da Califórnia.

Claro, havia me esquecido deste pormenor. Somente para mim as californianas não prestavam para viver e cavar o solo. Apenas prestavam para comer esterco, muito esterco e transformá-lo em humo de minhoca, que depois era usado nas covas das mudas. Mas como eram muito "molengas", não eram próprias para o solo.

Fomos ver o cafezal, agora ensolarado. Era uma tristeza, ou melhor, um mostruário de deficiências minerais. As folhas eram pálidas e queimadas de sol, indicando uma deficiência muito aguda de cálcio. Tirei a folha da análise do solo do bolso e olhei o pH. Era 2,7. Nem sabia que isso existia efetivamente no campo. Considerava 2,7 um dado teórico, apenas. Mas aqui era realidade.

– Por que vocês tiraram a sombra daqui?

– Ora essa! No Brasil plantam ao sol e colhem muito mais.

– Mas acontece que no Brasil os solos onde se planta café são ricos, e quando não são, nós os corrigimos. Além disso, esta variedade de arábica é própria para sombra.

Eu sabia que os que queriam plantar ao sol mudaram para a catuai, uma variedade mais rústica, mas de qualidade muito inferior à que eles tinham aqui. O famoso café colombiano iria acabar e, com ele, a cafeicultura colombiana. Nessas condições, somente produziriam um café miserável. Perguntei:

– Sabiam que as plantas em pleno sol necessitam de até cinco vezes mais cálcio do que na sombra? Que elas precisam de mais zinco, boro e outros micronutrientes? E que não pode faltar água, pois ela é crucial?

Não sabiam, porque na Europa não se planta café. Somente julgavam os nativos infinitamente menos inteligentes do que eles, apenas porque povo de cor tinha de ser inferior aos brancos. Mas eles, os brancos, cheios de boa vontade e comiseração, vieram com seus recursos para ajudar e treiná-los.

Neste momento, ficou claro para mim que a agricultura tradicional ainda não é agricultura orgânica, segundo as normas. E que agricultura segundo as normas era orgânica, sem dúvida, mas podia ser 100% antiecológica e, com isso, condenada ao fracasso.

FLORESTA DE NEBLINA

Nunca pude imaginar o que era uma "floresta de neblina". Uma floresta que vivia sem um pingo de chuva, somente da neblina condensada em suas folhas e que pingava o dia todo no chão, molhando-o.

Subimos os Andes, sempre mais alto. De vez em quando, aparecia uma pequena lavoura, onde se tinha derrubado a mata e plantado batatinhas. Mas as colheitas não eram animadoras, embora na Bolívia e no Peru, na região do lago Titicaca, a mais ou menos 4.500 metros de altitude, ainda houvesse povoados e plantações cercadas por muros para protegê-las do vento permanente, que nestas bandas descampadas impede o crescimento de qualquer lavoura.

Quando entramos em uma mata a 4 mil metros de altitude que nunca fora derrubada e nunca plantada, a terra não era muito bem agregada como esperávamos, mas parecia bastante compactada. Para nós, de regiões mais baixas, ficava difícil de compreender. Era estranho, porque eram terras ricas, vulcânicas, e matéria orgânica não faltava no meio da floresta. Subimos mais, até 4.800 metros, onde as nuvens envolviam permanentemente os cumes das montanhas. Era uma penumbra eterna onde quase nunca o sol passava. Mesmo assim, a floresta era densa. As árvores cresciam, caíam e morriam, cobertas de musgos e plantas saprófitas. Pingava água das folhas, permanentemente. Era um tipo de chuvisco que nunca parava.

O solo estava coberto por uma grossa camada de folhas mortas. Havia bastante matéria orgânica. E como era o solo? Seria turfoso como em Campos do Jordão, no Brasil? Cavamos essa terra e extraímos uma fatia. O que aparecia não era nada semelhante ao que conhecíamos de altitudes mais baixas. O solo parecia um pudim de ovos, só que era preto. Nenhum poro, nenhum agregado, nem um pouco semelhante aos solos férteis que conhecemos. Ninguém falava. Todos fitavam surpresos o solo preto e úmido, parecendo um pudim. Por quê? Devia haver decomposição, caso contrário teria uma camada enorme de folhas mortas, de árvores caídas, de galhos. Mas nada disso aparecia. Finalmente um agrônomo disse:

– Aqui não existe vida de solo como a que nós conhecemos.

Deve ter uma microvida estranha, provavelmente somente de fungos que não conseguem produzir coloides. Também a produtividade destes solos é baixa, apesar da riqueza mineral. Era um ecossistema todo específico, próprio à mata de neblina nos cumes dos Andes.

QUAL A PROFUNDIDADE DE PLANTIO EXIGIDA?

Era um centro de capacitação para agricultores indígenas, mantido por uma ONG europeia, nos Andes equatorianos. Até os letreiros acima das portas eram em quíchua, porque se supunha que os nativos soubessem ler e escrever. Portanto, não eram tão sem instrução, apesar da enorme distância da escola mais próxima. Mas como as colheitas a 3.200 metros de altitude eram baixas, justificava-se um centro de capacitação mantido por europeus cheios de comiseração para com esta população que consideravam infinitamente menos inteligente do que eles mesmos. Tinham de ser primitivos, pelo simples fato de não serem brancos.

Mostraram um campo com aveia, e o chefe do centro explicava que naquela altitude não se conseguia ter mais que uma única panícula, porque o clima frio e o solo arenoso não beneficiavam a cultura. Enquanto todos absorviam as explicações, aliás, muito lógicas, cavei um pouco para extrair uma planta e ver em que profundidade estava plantada. Procurei a semente, mas não a encontrei. Cavei mais profundo. Finalmente a 16 cm de profundidade, achei a semente da qual saía um longo cordão branco (o mesocótilo, em gramíneas, um tecido formado com gasto desnecessário de energia quando se planta semente abaixo da profundidade adequada) de 13 cm de comprimento, onde a planta, por programação genética, faz seu ponto vegetativo e de onde saem as raízes. A profundidade onde as raízes são formadas é idêntica para todas as variedades de uma espécie. Assim, o arroz forma seu ponto vegetativo a 2 cm da superfície do solo, trigo e aveia a 3 cm, milho a 5 cm, batatinhas e cana-de-açúcar a 10 cm e assim por diante. Se for plantada mais profundamente, a planta pode encontrar mais umidade para nascer, mas por cada centímetro abaixo da sua profundidade programada, ela perde em produção.

Mostrei uma planta de aveia para o chefe do centro, perguntando por que eles plantavam tão profundo. Para mim, era um milagre que a aveia ainda fizesse um colmo. Se ela fosse plantada a 3 cm, provavelmente teria no mínimo de oito a dez colmos. Os capacitadores olharam surpresos. Nenhum deles sabia a explicação. Finalmente chamaram o tratorista, e ele explicou que a semeadora não tinha funcionado, então jogaram a aveia a lanço e, depois, passaram uma grade por cima. Como a terra era areia muito mole, a grade afundou demais. De certo uma explicação convincente. Mas o que os agricultores indígenas iriam aprender não era exatamente o que eles necessitavam.

Mostraram um campo de milho, onde poucas plantas tinham vingado.

– É a altitude e o frio. Aqui parece que não é o local mais adequado para o milho, apesar de o campo ter sido irrigado. Claro, nós não tínhamos plantado milho nesta altitude, embora conhecêssemos plantações bem sucedidas em lugares idênticos. Mas podia ser que o solo, uma areia pobre, não facilitasse a cultura – disse um dos profissionais do centro.

Um rapaz do outro lado do campo perguntou alguma coisa, mas não dava para entender.

– Venha para cá e fale o que tem a dizer – sugeri.

Ele tentou atravessar o campo, mas logo afundou. Perdeu os sapatos que, naquele momento, procurou na lama. Depois continuou a travessia. Afundou até os joelhos e até as coxas, não conseguindo mais se movimentar. Enquanto todos riam, ele estava preso num pântano.

Tínhamos de providenciar uma prancha para poder salvá-lo. O chefe do centro ficou incomodado quando um dos presentes perguntou por que a irrigação estava tão descontrolada, especialmente quando tinham de bombear a água com uma bomba a diesel de um córrego não muito perto. Alguém tinha esquecido de desligar o motor. Mas era compreensível que milho não crescesse em um pântano.

Ficou claro para todos que uma explicação, ainda que pareça perfeitamente lógica, nunca deve ser aceita de boa vontade, mas sempre precisa ser verificada, mesmo quando as pessoas são fidedignas. Lembrei-me de uma plantação de trigo, cujo administrador geral da empresa me explicou que naquela região, sem irrigação direta, a cultura não crescia. Cavei e encontrei a sola de trabalho a 7 cm. Estranhei e perguntei o motivo. Bem, podia ser um preparo mínimo, mas chocava com a compactação extrema do solo.

– Por que araram somente a 7 cm? – perguntei.

O administrador me assegurou que ele mesmo tinha calibrado o arado para 35 cm. Mostrei a camada de matéria orgânica a 7 cm. Chamou o tratorista e ele confirmou.

– O senhor calibrou o arado para 35 cm. Mas a terra era tão dura que ele não penetrou mais do que isso.

E como o trigo ficou com todas as suas raízes na superfície, murchou com poucas horas de sol, necessitando de irrigação direta. Mesmo assim, não iria produzir muito, porque, além da água, precisava de nutrientes, que nessa camada, mesmo adubada com NPK, não encontrava.

O que eles necessitavam aqui não era irrigação, mas matéria orgânica para recuperar o solo. Raiz e solo sempre dão a informação mais acertada.

TIMPANISMO EM GADO LEITEIRO

Fui convidada à festa de formatura de 30 homens e mulheres, todos agricultores, que foram capacitados num centro de treinamento. Tinham decorado o porquê e como fazer curva de nível, em princípio, muito útil nas ladeiras dos Andes, mas que eles não faziam porque estavam acostumados ao sistema dos *andenes*, ou seja, dos terraços, que os incas tinham desenvolvido com tanta perícia. E como todos também possuíam algumas vacas leiteiras, foram treinados na manutenção dessas vacas. Para que dessem mais leite, necessitavam de mais proteínas na alimentação, embora somente proteínas não aumentem o leite, mas sim a combinação de proteínas e amidos a uma proporção de 1:5 a 1:7. Quer dizer, os amidos em quantidade suficiente são indispensáveis.

O combate ao timpanismo tomava o maior tempo do exame do pessoal. Faziam essa tarefa com muita habilidade: massageavam as vacas, davam chás de ervas medicinais, pílulas homeopáticas, enfim, um tratamento que parecia dar certo. Minha pergunta foi somente:

– Aqui existe tanto timpanismo?

Normalmente é um acidente ocasional. Asseguravam-me que, diariamente, cinco a seis animais apresentavam timpanismo. Era estranho. Aí me surgiu uma suspeita. Queria ver as vacas e a forragem que recebiam. Mostraram-me que o gado recebia o melhor que existia: alfafa ou ramos de leucena. Mas ambos eram pura proteína. "E o capim?", quis saber. Porque todas as leguminosas são ricas em saponinas que ocasionam timpanismo e, portanto, nunca podem perfazer mais do que ⅓ da forragem total. Dois terços têm de ser gramíneas, capim. Os capacitadores ficaram indignados.

– Ora essa! Ensinamos aos nativos a darem o melhor para seu gado: leguminosas. Eles nunca haviam dado. Receberam sementes para plantá-las e poder dar uma forragem melhor. Agora vão produzir mais leite.

Olhei meio desconfiada.

– Não acredito, não. Porque não existe vaca que suporte somente leguminosas e, além disso, para produzir leite, elas precisam de muitos amidos. Além de ⅓ de leguminosas, um suplemento de milho quebrado seria mais indicado.

Admirei-me como eles tinham a coragem de ensinar aos camponeses nativos primeiro como produzir timpanismo em vacas, e depois como combatê-lo. E me convenci de que os capacitadores, além de muita boa vontade, também necessitavam de um pouco de conhecimento, que aparentemente não possuíam. O agricultor pode ser analfabeto, mas tem sua tradição, que vale muito.

CALAGEM (PROJETO TATU)

Os solos tropicais e subtropicais, em sua maioria com argila caolinítica, facilmente são ácidos, muito ácidos. Quem está acostumado a lidar com solos montmoriloníticos ou esmectíticos, como ocorre em grande parte da Europa e dos Estados Unidos, não aceita essa acidez.

Naqueles locais, solos que se prezem têm 80% de seu complexo de troca tomado por cálcio. Nos trópicos, o cálcio chega, na melhor das hipóteses, a 40%, o que é ridículo para os dos países do Norte, onde o cálcio tem a função de agregar os solos e criar um sistema macroporoso. Aqui nos trópicos e subtrópicos, essa função é do alumínio e do ferro, o que os solos dos países do Norte também não aceitam, porque alumínio, para eles, somente pode ser tóxico e tem de ser combatido exatamente pela calagem.

As pessoas dos países do Norte não se conformam que nossos solos são pobres por unidade de volume, por exemplo, por decímetro cúbico ou por quilograma. Até muito pobres: 13 a 50 vezes mais pobres que os solos do Norte. E como para eles lá tudo está certo e aqui tudo errado, então tinha de ser até um ato de "salvamento" fazer um programa de calagem para os solos ácidos, especialmente porque pretendiam mandar suas novas variedades adaptadas a elevados níveis de NPK e, naturalmente, cálcio.

Como as universidades estadunidenses acharam por bem apadrinhar as do hemisfério Sul, como as do Brasil, mandaram especialistas em calagem, que determinavam a quantidade necessária por meio de sua famosa fórmula do SMP, desenvolvida para os solos ricos do Norte. Nasceu o igualmente famoso Projeto e Operação Tatu. Escolheram a região de Santo Ângelo (RS). O governo deu créditos para calcário e os especialistas estadunidenses incentivaram os agricultores a aplicá-lo, até 35 t/ha em uma única vez.

Quando os agricultores se queixaram de que suas terras agora não produziam mais nada, foram taxados de estúpidos e renitentes. Milho e trigo de fato não produziram mais, não queriam crescer, porque nesses solos, como havia poucos micronutrientes por unidade de volume, o calcário desequilibrou tudo. Os elementos que faltaram foram zinco e manganês, mas logo se seguiram ferro, boro e outros. Foi uma catástrofe, mas quem a denunciasse era chamado de comunista. Claro, tinha de ser comunista, porque era contra os estadunidenses, nos tempos da Guerra Fria. Mas ninguém era contra os consultores do Norte, mas sim contra aquelas calagens loucas que arruinavam os solos e os agricultores. Quem mandou eles plantarem milho e trigo? Poderiam ter plantado soja, que suportava mais o calcário. O mais curioso foi que os solos brasileiros não eram agregados pelo cálcio, mas, ao contrário, perdiam sua estrutura porosa e se tornavam adensados e duros, porque a matéria orgânica se decompunha rapidamente, e o milagre químico se tornou calamidade biológica, o que também era inaceitável. Na era da tecnologia químico-mecânica ainda depender da biologia, como nos tempos antigos?

Como a discussão se tornou cada vez mais acirrada, a Assembleia Legislativa de Porto Alegre resolveu fazer uma reunião entre as duas partes: pró e contra a correção radical do pH. Mas os jornalistas não queriam que suas notícias atrasassem e não se importaram muito em saber quando essa reunião ocorreria exatamente e qual o resultado. Agiram como os colegas ingleses: publicaram o discurso de coroamento do último rei da Inglaterra um dia antes de ser pronunciado, e melhor que o verdadeiro. Nesse sentido, o resultado da reunião sobre calagem foi noticiado um dia antes como: "Unanimemente favorável a estas calagens elevadas e de uma só vez, de acordo com a informação dos deputados que patrocinavam este encontro". Como o resultado da discussão já havia sido publicado antes, os que eram contra resolveram ficar calados. Foi um pequeno escândalo.

Nessa briga entre especialistas, ninguém pensou em perguntar ao solo como ele reagiria. O solo simplesmente decaiu biologicamente e se desequilibrou quimicamente. Ele ficou duro e muito pobre. Durante mais de 40 anos se lutou por sua recuperação. A região tinha perdido sua fertilidade e parecia quase desértica. Os promotores brasileiros dessas calagens se arrependeram amargamente do que tinham feito e se tornaram defensores do solo e das plantas.

Não tentaram mais impor técnicas ao solo. Agora perguntam humildemente às plantas o que acham da tecnologia e do estado do solo que dela resulta. Preocupam-se com os agregados e os macroporos do solo e a infiltração de água e de ar, e com as raízes das plantas e seu desenvolvimento. Provavelmente descobriram que os solos tropicais e subtropicais são fundamentalmente diferentes dos de clima temperado. Não porque Deus se tenha enganado; mas exatamente porque clima, solo e plantas estão sincronizados para cada ambiente. Solo tropical é o que as plantas necessitam neste tipo de clima.

Pergunte ao seu solo se ele vai aguentar a tecnologia que se quer implantar e pergunte às raízes das plantas se elas conseguem se desenvolver nessas condições.

AGRICULTURA CONVENCIONAL X ORGÂNICA

Os defensores da agricultura convencional, que é a química, estão absolutamente convencidos de que o mundo irá morrer de fome se não houver a adubação química e os defensivos que protegem as culturas de parasitas, especialmente insetos e fungos. Os da agricultura orgânica estão igualmente convencidos de que sem matéria orgânica não há produção saudável. Antigamente, a agricultura era a base de toda a economia e, no Brasil, foi a cultura do café que pagou a industrialização. Atualmente, o agronegócio contribui diretamente com 45% da economia nacional, enquanto as indústrias química, metalúrgica, automobilística e eletrônica, de que se fala tanto, contribuem somente com 21% do PIB nacional, sem considerar o efeito direto e indireto da agricultura sobre a economia, especialmente a alimentação da população.

Admito que o agronegócio trabalhe com tecnologia supermoderna, com transplante de embriões em animais e plantas transgênicas especialmente resistentes a herbicidas, proporcionando lucros maiores. Mas nosso planeta está secando e nossos solos estão se desertificando. A população está cada vez menos saudável.

Os defensores da agricultura orgânica não pretendem voltar à agricultura tradicional, embora ela apresente, especialmente nos Andes, uma sincronização perfeita entre solo, plantas, homens e religião, trabalhando sabiamente com todos esses fatores e alcançando colheitas elevadas, saborosas e nutritivas sem destruir os solos e os recursos de água. Quem tem razão? A agricultura existe somente para contribuir com os lucros ou para alimentar a população hoje, amanhã, sempre, quer dizer, de maneira sustentável.

Para terminar com toda discussão, os estudantes da Escola Superior de Agricultura Luiz de Queiroz (Esalq), em Piracicaba (SP), realizaram um encontro entre os expoentes das duas correntes.

– Podemos produzir mais e melhor com adubos químicos. A matéria orgânica é somente adubo químico em forma orgânica e, portanto, mais diluída, menos eficiente e mais cara para transportar e aplicar.

– Não podem produzir sem matéria orgânica porque é um condicionador do solo. E sem agregados e macroporos não entram água e ar no solo.

– Podemos irrigar. E quer ver um café adubado e irrigado como produz? E mostraram fotografias.

– Mas com um trato orgânico adequado, as raízes se desenvolvem melhor, exploram um volume maior de solo, recebendo mais água e mais nutrientes, portanto são mais bem nutridas. A selva tropical neste sistema produz em solos paupérrimos cinco vezes mais biomassa por ano e hectare que uma floresta de clima temperado. As plantas estão bem nutridas, apesar dos solos pobres. Portanto, somente precisamos de um trato adequado do solo.

– E se as plantas ficam doentes, atacadas por insetos e fungos, vocês não usam defensivos químicos?

– Plantas somente são atacadas quando falta algum nutriente, porque plantas não necessitam de apenas três ou sete elementos, mas de 45. Às vezes um traço ínfimo de um elemento é a diferença entre saúde e doença. E com raízes profundas e profusas, recebem o que necessitam.

– E se a fome ameaçar grande parte da população?

– A fome veio com os adubos, defensivos e herbicidas, que expulsaram os trabalhadores e pequenos agricultores do campo. Antes dessa agricultura químico-mecânica, o Brasil se orgulhava de não ter nenhuma pessoa faminta em seu território.

– E se vocês tiverem nematoides, o que fazem?

– Plantamos leguminosas que os controlam. E, além disso, nematoides somente prejudicam plantas fracas.

Mostraram as raízes de uma cana-de-açúcar com bilhões de galhas de nematoides e que era a melhor cana da fazenda.

Os "convencionais" não se deram por vencidos.

– E se houver oito toneladas de nematoides por hectare? A face de um pesquisador veterano se iluminou.

– Quanta matéria orgânica! – exclamou.

A risada foi dos que concordavam com ele.

– Ademais, eles prejudicam somente raízes deficientes em fósforo e boro. Coloquem uns quilos de boro, e as raízes suportam bem até oito toneladas de nematoides.

– E as colheitas recordes do agronegócio, vocês não consideram esse lucro fantástico?

– E como as consideramos! Porém, essas colheitas somente são sustentáveis por um curto espaço de tempo. Destroem os solos, fazem os rios secar e a água potável diminuir, quebram os ciclos naturais e usam plantas geneticamente engenheiradas, das quais ninguém sabe ainda a consequência sobre a natureza e, especialmente, a formação de proteínas e outras substâncias, até estranhas para as plantas, e seu efeito sobre a saúde humana.

O transplante de genes ainda não está muito esmerado, está em desenvolvimento, e com certeza tem grande futuro. Atualmente ainda arrancam cerca de 8% dos cromossomos de uma planta (e cada par de cromossomos pode ter milhares e milhões de genes) e implantam em seu lugar frações de cromossomos de outras plantas e micróbios, como, por exemplo, de *Agrobacter* na soja, para torná-la resistente ao

Roundup. Mas para conseguir um indivíduo que preste, eles fazem milhares de injeções de pedaços de cromossomos e ainda não sabem o que está por vir desta "variedade transgênica", porque ela recebeu muitos genes e não somente um, e pode, pouco a pouco, mostrar aberrações. E mesmo que essas variedades sejam definitivas, não se enquadram em ciclo natural algum, quebrando os ciclos. Além disso, embora não seja muito, 4,5% da soja transgênica fracassou. Por quê, ninguém sabe.

– Mas a agricultura orgânica produz pouco.

– Sim, quando não é ecológica. Mas quando for conduzida por critérios ecológicos, produz mais do que a convencional.

– E o que é ecológico?

– Por exemplo, não enterrar a matéria orgânica ou o composto, mas deixá-lo na superfície como faz a natureza. Nesse caso, a matéria orgânica fica no horizonte A0 e A1.

– Mas com NPK se produz muito mais.

– Talvez por uns poucos anos, e isso, nem sempre. Até se esgotarem os outros elementos nos solos que aqui, em sua maioria, já mostram deficiências multielementares. E se vocês consideram o rastro de destruição que se segue aos agricultores que saíram do Rio Grande do Sul para o Mato Grosso do Sul, Mato Grosso, Goiás, Tocantins e Maranhão, acabando com os melhores solos, então não se pode esperar que nossos descendentes ainda tenham de onde tirar sua alimentação. Temos o direito de gerar filhos e deixar que herdem um mundo destruído? De capital financeiro ninguém vive. Vivemos de alimentos e de água doce armazenadas nos solos e lençóis freáticos, infiltrados nos solos porosos.

ASSENTAR SEM-TERRAS

Acredita-se que a *reforma agrária* termine com o *assentamento.* No Paraguai, somente se assentam agricultores nas melhores terras. Eles recebem pouca gleba e têm de viver disso. Se a terra for ruim, conseguem permanecer por um ano, talvez dois. Depois abandonam tudo e vão embora. As terras abandonadas servem somente para chácaras de recreio de algum rico.

Muitas vezes os "assentados" não eram agricultores que perderam suas terras, mas filhos de agricultores que nasceram nas favelas e nunca trabalharam terra nenhuma. Não sabem como fazê-lo. Não têm tradição e experiência, somente a boa vontade de melhorar a vida. Às vezes, são trabalhadores rurais que sabem trabalhar, mas não sabem planejar e administrar, muito menos lidar com os atravessadores espertalhões que tentam obter as colheitas por preços vis. Se não der certo, perdem sua terra e entram na fila do próximo assentamento para ganhar outra terra.

O assentamento não é o fim de um processo longo, mas o início. O assentado precisa de uma boa assistência técnica e crédito. Além disso, da ajuda de quem tem experiência. Precisa aprender a trabalhar de maneira certa, administrar, cooperar, vender e comprar em conjunto, talvez instalar microindústrias para acrescentar mais um valor a seu produto e não ficar exposto a especuladores e atravessadores.

Assentaram sem-terras no Espírito Santo. Fizeram um projeto para eles plantarem café conilon, uma variedade muito rústica que não é atacada por ferrugem e tem poucas pragas, mas também não tem gosto. Somente serve para misturar ou fazer um *blend*, como os estadunidenses dizem. Não programaram nenhum pé de mandioca ou de milho, nenhuma galinha ou porco. Os sem-terras tiveram que viver de crédito bancário durante os primeiros três anos e dependiam completamente dos compradores de café. Como não tinham nada para sustentar sua família, também dependiam do supermercado. Compravam o que necessitavam e vendiam o que produziam, dependendo duas vezes de comerciantes. E se em um ano qualquer o café não desse certo, morreriam de fome ou perderiam a terra. A assistência técnica ensinava somente como fazer murundus (para evitar escorrimento superficial da água das chuvas) e proteger os cafeeiros (contra o sol forte quando ainda mudas) com a madeira que sobrava do desmatamento, amontoando-a ao redor. Até ensinava a plantar mamona nas entrelinhas para economizar água. Mas não ensinava como manter as famílias.

Assentaram sem-terras em São Paulo e lhes ensinaram a plantar abóbora. Somente abóboras. Homens, mulheres e crianças trabalhavam, porque finalmente era uma "propriedade familiar". A produção era fornecida a uma fábrica de conservas. Em princípio estava muito bem organizado. Mas a renda familiar mal chegava a um salário mínimo, o que significava que mulheres e filhos trabalhavam de graça, uma espécie de trabalho escravo. Além disso, trabalho infantil é proibido por lei. Mas se o pai o exige, a lei manca. Não se plantou absolutamente nada para o sustento da família, nem um pé de alface e muito menos feijão ou mandioca. Dependiam 100% da boa vontade da indústria, para a qual de fato trabalhavam. Com esta modalidade de "assentados", ninguém necessitava pagar salários. Porém, as abóboras deram cada vez menos, as colheitas se tornaram menores ano a ano porque a terra não suportava a monocultura e a falta de matéria orgânica necessária. O solo tornou-se compactado, as raízes das plantas ficaram pequenas e superficiais, e a irrigação consumia boa parte do pequeno rendimento.

Assentaram sem-terras no Paraná, em cima de uma montanha no meio de uma mata, em terra muito ácida e turfosa. O projeto foi feito para plantar soja e criar porcos. De fato, não faltava assistência técnica, mas os técnicos tinham a firme convicção de que os assentados não entendiam nada de agricultura porque eram pescadores, trabalhadores rurais volantes, favelados e operários industriais e, portanto, não podiam opinar. Tinham de escutar e seguir os "doutores" que lhes davam assistência. Mas o assentamento não ia bem. Queriam saber por quê. Convidaram-me para fazer uma palestra. Reuniram todos e me disseram: fale para eles.

Neguei-me. Como podia falar sem ter visto nada e sem saber o que acontecia? Fomos visitar algumas propriedades. O solo era turfoso e extremamente ácido. Queriam trazer calcário para corrigir o solo e plantar soja. Mas tinha de ser soja? O mato estava cheio de árvores de erva-mate e as terras já desmatadas estavam cobertas por um capim pobre, capim-missioneira, um *Axonopus*.

Meu palpite era plantar primeiro para o sustento, especialmente mandioca e feijão, mesmo se tivesse que aplicar calcário, plantar mais erva-mate para a venda e criar gado caracu, que se dá bem com esse pasto pobre. Os assentados concordaram e disseram que também já tinham pensado nisso, porque soja custaria muito caro e endividaria todo mundo. Os técnicos não gostaram.

– Por que vocês nunca disseram sua opinião para nós, que estamos aqui todos os dias?

E os assentados responderam.

– Como poderíamos dizer isso para vocês, que são doutores? Para ela podemos dizer, porque é agricultora como nós.

Assentaram em Minas Gerais. A Pastoral da Terra se incumbiu de cuidar dos agricultores novos. Mas não foi fácil, porque tanto a Pastoral como os assentados não entendiam muito de solo. Plantavam, mas a cultura crescia mal e, no final do primeiro ano, metade dos assentados tinha desistido e deixado a terra tão desejada. Não há dúvida de que o pequeno agricultor – que o holandês chama de *boer* e o alemão de *Bauer* e os povos espanhóis de *campesino* – é a base de uma agricultura sustentável. Ele chega a conhecer o solo que trabalha, zela por ele e o ama. Não considera o solo como instrumento para ter lucros, mas para tirar o sustento de sua família.

Tentaram implantar a agricultura familiar, mas esta se desenvolveu pouco. Como sustentar a família? Os solos não eram dos melhores, e a região sofria com falta de chuva. Mas existe uma sabedoria antiga que diz que variedades adaptadas ao clima e ao solo se desenvolvem bem. Não é possível plantar por toda parte soja e trigo. Antigamente a agricultura era regionalizada. Mostrei a eles como saber se o solo podia produzir, como eram as raízes das plantas e como deveriam ser. Nesse sentido, passamos por toda a região e descobrimos as plantas que cresciam bem. E, antes de tudo, cobrimos o solo com todo tipo de matéria orgânica, até de galhos picados de árvores, e plantamos renques de guandu e cana-de-açúcar para diminuir o vento e economizar água. E o milagre aconteceu. Com um solo melhor, protegido, e variedades da região, se obteve boa produção não somente para a família, como também para o mercado. E nenhum assentado foi mais embora. Ficaram e se tornaram verdadeiros agricultores.

A RAIZ ACUSA

É uma horta comercial. Longos canteiros de alface, rúcula, beterraba, brócolis, repolho e outros se estendem um ao lado do outro. O repolho não queria crescer bem, muitas cabeças não fechavam e as tracinhas brancas voavam ao redor. É difícil defendê-lo de todas as lagartinhas que diariamente nascem. Por quê? Será que a terra não serve para repolho? Há sinais de deficiência de molibdênio, de cálcio, de potássio e de boro nas suas folhas. Mas há uma regra que diz: se existem sintomas visuais de mais de duas deficiências minerais, o solo deve estar duro e compacto, e desta forma, a raiz não consegue retirar o suficiente em nutrientes. Ou o sistema radicular está danificado.

Tiramos uma fatia de terra. A partir de 12 cm ela era muito dura. A terra tinha sido lavrada, mas não achei a sola de trabalho. Por onde será que o arado passou? Cavamos mais e mais. O cheiro da terra era cada vez mais nojento. Alguma coisa estava podre. E a 40 cm encontramos bastante matéria orgânica, que exalava aquele cheiro pútrido e que o arado tinha enterrado.

Pretendia-se afrouxar a terra dura, quebrando as compactações e virando o subsolo para a superfície. Mas a chuva e a irrigação desmancharam os torrões, levando a argila novamente para dentro da terra e formando outra vez uma laje dura e adensada sobre a soleira do arado.

E desta vez mais dura e mais espessa que a anterior. O procedimento tinha sido absolutamente contraproducente. Mecanicamente não se consegue melhorar e agregar um solo. Isso é uma *tarefa biológica*!

Apesar de tudo, com 12 cm de terra boa o repolho ainda deveria estar melhor. Arrancamos um pé, mais outro, um terceiro. Todos tinham uma raiz muito esquisita. A 4 ou 5 cm de profundidade, a raiz virava para o lado, fazia um gancho (um ângulo de 90 graus) e não penetrava mais no solo. Por quê? Ainda havia bastante terra boa agregada abaixo da raiz para ela crescer e avançar. Por que não o fazia?

O campo não podia ser culpado, porque a laje dura ainda estava bem mais abaixo das raízes. Este entortamento as plantas já traziam das bandejas em que se faziam as mudas. Mas normalmente as bandejas são colocadas em armações elevadas para que ar e luz penetrem abaixo delas e as raízes não se sintam seduzidas a sair pelos furinhos do fundo em que se escoa a água excedente. Neste caso, as bandejas não foram colocadas em armações. Parece que foram colocadas sobre o chão. Somente assim as raízes poderiam sair dos furos e chegar ao solo, provavelmente bem compactado e varrido, e viravam para o lado. Olhei para o dono da horta.

– Você colocou suas bandejas de mudas sobre o chão? O homem ficou assustado.

– Por que acredita nisso?

– Porque as raízes saíram das bandejas e se entortaram no chão. E agora não podem crescer mais para baixo.

Aí ele contou o dilema. Aumentou muito a horta e não tinha armações suficientes para todas as bandejas. Uma vez só não faria mal, pensou, e colocou as bandejas com as mudas de repolho no chão. Mas fez mal. E ele perdeu praticamente toda a colheita de repolho. As raízes o denunciaram.

DESERTIFICAÇÃO

O que faremos contra a desertificação aqui no Ceará? Viajamos pelo estado. Onde havia florestas, tudo estava verde. Onde somente havia sertão, reinava uma seca mortífera. Os pastos queimados pelo sol, o sertão seco, nenhum córrego, nenhum rio. Somente de vez em quando uma árvore verde, uma algarobeira, que era considerada praga. Mas era o único verde, e mesmo a jurema não tinha mais folhas. Umas poucas cabras esparsas tentavam achar algo comestível. Roíam a casca de árvores, às vezes achavam um broto na jurema ou pulavam para alcançar um galho de algaroba. E seus donos queimavam o capim e os arbustos secos para forçar a rebrota e arrumar forragem para os animais.

Uma comissão tinha vindo de Israel para ensinar o combate ao deserto. Sua receita era irrigação, e se os rios estavam secos, então era preciso perfurar poços artesianos. Em Israel deu certo. Até injetavam uma camada de piche a 40 cm de profundidade para evitar que a água de irrigação se perdesse para o subsolo. E toda terra irrigada também era drenada. Aprenderam com os babilônios que somente irrigar saliniza os solos. Ao longo do Rio São Francisco também já fizeram essa experiência. E o profeta Isaías previu o fim do império poderoso dos caldeus graças à salinização de seus solos. Mas em Israel, por via das dúvidas, consultam a Bíblia e sempre dá certo. O que os antepassados fizeram foi o correto. Mas aqui não tem Bíblia que possa dar conselhos nem compatriotas ricos que doem dinheiro para ajudar na recuperação do estado.

O que fazer contra a desertificação no Ceará? Eu digo:

– Vou dar a receita de como se criam desertos, depois vocês podem resolver o que fazer! É muito simples:

1. fazer tudo para que o solo se compacte na superfície e a água da chuva não penetre, mas escorra. Aí a terra não se umedece, ou umedece muito pouco. Em contrapartida, ocorrem enchentes fabulosas, de modo que vocês estão sempre flagelados, uma vez pela seca e outra vez pela chuva. Uma situação intermediária já não existe mais. Se não chove, faz mal porque tudo seca, e se chove, faz mal porque há enchentes;
2. importante é abrir o caminho para um vento seco. Este leva a pouca umidade que penetrou no solo dentro de 12 horas.

– É tudo? – pergunta o agrônomo.

– É.

– Nada de dunas de areia que migram, cobrindo tudo?

– Exato, areia teria o suficiente aqui. Mas não precisa de dunas. O agrônomo me olha e depois diz:

– As cabras são a salvação do Nordeste.

Olhei surpresa. Para mim, as cabras soltas são a perdição do Nordeste. Onde há cabra solta não vinga mais árvore, e os pastos ficam secos muito mais cedo do que aqueles onde há alguma proteção contra o vento. E por isso se queima. O solo não recebe mais nenhuma matéria orgânica e sua vida morre. Os grumos se desfazem, os poros (os macroporos ou poros de aeração) desaparecem. A chuva bate no solo desnudo e o compacta ainda mais.

É preciso saber que a destruição do meio ambiente não se corrige mais por obras faraônicas, nem pela química, nem pela mecânica. A destruição já atingiu a parte biológica, a vida, e somente pode ser corrigida biologicamente, ou, como os africanos dizem: "ecologicamente".

Dou-lhe um conselho:

– Cacem todas as cabras e deem uma cesta básica para as famílias pobres, durante dois anos. Nesse meio tempo, plantem árvores e arbustos para romper a força do vento e tratem a superfície do solo com matéria orgânica, restolhos (restos vegetais), adubação verde, bagaço, serragem, casca de arroz, enfim, com o que tiver. Com solo poroso e pouco vento, vocês devolvem ao estado sua abundância agrícola.

ENCHENTES

Existe uma comissão do governo de Santa Catarina somente para tratar das enchentes do rio Itajaí, que se tornam cada vez mais frequentes e mais devastadoras. E isso num estado que brilha por sua cultura. As cidades são limpas e belas, quase não há analfabetos, existem universidades em cada cidade com mais de 40 mil habitantes, há uma reforma agrária bem-sucedida. Cobram seus créditos agrícolas em *equivalências*, isto quer dizer que, se o agricultor pegou um crédito no valor de 100 sacos de milho, pagará 100 sacos de milho mais os juros, por exemplo, 6%, ou seja, mais 6 sacos de milho. Assim, o agricultor sabe exatamente quanto deve e quanto tem de colher para pagar suas dívidas. O que depende do governo está sendo feito. Mas as enchentes incomodam, apesar de toda a pesquisa, obras e comissões especializadas.

Na África do Sul dizem: "Rios secos e enchentes são a consequência de uma agricultura intensiva em larga escala". E não parece tão estranho quando se sabe que a FAO tem uma indicação para seus "agentes de desenvolvimento", que diz: "Pelo tamanho e altura das pontes, pode-se calcular o grau de decadência dos solos". Por quê?

Pontes são feitas para ficar. E enchentes enormes e desastrosas podem arrastar as pontes se elas forem pequenas e baixas. Então, o tamanho das pontes é proporcional ao tamanho das enchentes (do pico da vazão), independentemente do tamanho do rio.

Em Santa Catarina, já suspeitavam que a agricultura tivesse algo a ver com as enchentes. Mas exatamente o quê?

Na natureza não existem fatores isolados, mesmo se nossa ciência com eles trabalha. Tudo funciona em ciclos. O ciclo da água é tratado nas universidades em quatro matérias: oceanografia, meteorologia, edafologia e hidrologia. E pouco se fala sobre o fato de as quatro matérias constituírem um ciclo. Estudam-se os oceanos, seus níveis, suas águas e sua salinidade, sua temperatura, sua vida, mas é pouco interessante dizer que a água também evapora.

Na meteorologia, estudam as chuvas, seus excessos e épocas de deficiência, preveem as condições do tempo, mas não dizem que a chuva em nada adianta se não penetrar no solo. Na edafologia se estudam os solos, se classificam e descrevem sua formação e seus horizontes. Determina-se a densidade real, fazem-se análises químicas e físicas dos solos, até se determina a capacidade de campo, quanta água o solo pode armazenar em seus poros. E também o movimento horizontal da água nos solos, sua ascensão do nível freático à superfície, podendo salinizá-la. Mas raramente se diz que a água da chuva tem de entrar pelos poros e passar pelo solo para chegar ao nível freático, e quanto mais a chuva bater na superfície de um solo desprotegido, tanto mais ela destrói os agregados e os poros que estes formam e tanto menos possibilidade tem de penetrar no solo. A natureza colocou o dossel da mata, sua serapilheira e a manta de raízes diversificadas como proteção sobre o solo. Porém, esta tripla proteção teve de dar lugar à agricultura, deixando o solo exposto ao sol e à chuva. O solo se compactou e perdeu sua porosidade superficial. Rompeu-se o ciclo da água.

Na hidrologia se fala dos poços, dos rios, dos aquíferos abaixo da terra e como utilizá-los, das fontes que aqui nascem. Eles simplesmente estão aqui. Como a água chegou até lá pouco interessa. Mas quando chove, a água não consegue penetrar no solo por causa de sua compactação superficial e subsuperficial. E compactações não se conseguem corrigir mecanicamente. Não adianta arado, grade, enxada rotativa, rolo destorroador ou subsolador. Não existe máquina que possa reconstruir os agregados destruídos e os poros desaparecidos. Isso é resultante de um processo químico seguido por um biológico. E como os agregados e os poros perdem sua estabilidade após dois ou no máximo três meses, eles necessitam ser protegidos e periodicamente recuperados. E a agricultura químico-mecânica esqueceu-se disso. Grumos colados por geleias bacterianas e amarrados por hifas de fungos são tão pequenos e tão insignificantes que nem vale a pena considerá-los. E mesmo assim são o elo perdido, onde ocorreu o rompimento do ciclo da água. A água agora escorre, em lugar de infiltrar-se. Causa erosão, cava voçorocas, leva terra, enche os rios, causa inundações, assoreia os leitos e canais. Em lugar de fazer seu ciclo pelo solo, a água agora escorre diretamente para o leito dos rios e oceanos. E quando a chuva para, não há mais fontes e afluentes que abastecem os rios. Os rios se tornam secos. A água potável está diminuindo cada vez mais em nosso globo. E parece que ninguém se dá conta do ciclo encurtado da água. É simples demais.

Os técnicos de Santa Catarina se admiravam. É tão fácil controlar as enchentes! Somente restabelecer o ciclo longo da água, restaurar os poros e protegê-los para que a água pluvial, em lugar de escorrer, se infiltre na área da captação das bacias hidrográficas. E aí não tem mais enchentes, mas há novamente rios caudalosos. O ponto difícil nessa recuperação não são os pequenos agricultores, mas os grandes fazendeiros. Será que são capazes de compreender que também sua própria sobrevivência depende da água potável, que não deve escorrer na forma de enchentes?

QUEBRA-VENTO DESASTRADO

Era uma horta orgânica no semiárido. O agricultor já sabia que o pior que podia acontecer era o vento, que leva embora a pouca umidade e dobra o custo da irrigação. Tinha de plantar alguma proteção contra o vento. Mas o quê? Tinha de ser algo que também fosse comercializável. Aí veio a ideia: funcho, erva-doce. Esta planta fica relativamente alta e, se se plantasse em todas as bordas dos canteiros, poderia ser uma ótima proteção contra o vento. Ficou até bonito. O funcho ficou alto, enfolhado e belo. Nunca se viu plantas tão bem desenvolvidas. Era uma beleza. Mas apesar de toda a proteção, as outras hortaliças não se desenvolveram direito. Nem a alface, nem as beterrabas ou as cenouras estavam com muito ânimo. E do repolho, nem se fala. O que foi que aconteceu? Antes não eram bonitos por causa do vento, e agora? Será que gostavam do vento? Todo mundo achava que não. Mas o efeito que se esperava não apareceu. O que se passava?

Perguntaram-me o motivo. Primeiro me mostraram o viveiro muito original, sem cobertura plástica, naturalmente, mas abaixo da sombra rala de algarobeiras, as bandejas com as mudas colocadas em estantes de 1 metro de altura e onde o vento passava por baixo, esfriando um pouco o calor. Aparentemente as mudas gostavam. Em pouco tempo, estavam grandes e bonitas. Mas depois, quando transplantadas, não mostravam mais nada do vigor inicial. Mostravam-me tristes os canteiros. Vi o funcho exuberante e perguntei se sempre haviam plantado quebra-vento de funcho. Asseguraram que não, mas achavam que a ideia era boa. Não achei. Sabem por quê? Porque funcho é uma planta muito pouco amigável. Não gosta de ninguém a não ser dele mesmo e do coentro. Todas as outras plantas são perseguidas por seus aerossóis tóxicos, tentando eliminá-las para que possa ficar como dono único do terreno. Plantas não têm pistolas automáticas ou metralhadoras, mas se empenham numa guerra química violenta. Produzem substâncias com as quais defendem tanto seu espaço como sua integridade. Defendem-se contra outras e defendem-se contra insetos, por exemplo, por meio de fenóis. Há muitas plantas que se hostilizam.

"EM-4" EM POMAR DE CITROS

Monoculturas dificilmente são sadias. Destruiu-se a diversidade biológica. E se acima do solo cresce somente uma espécie de planta, abaixo do solo também se criam somente poucas espécies de micróbios e insetos. E como os seres do solo se nutrem da matéria orgânica que recebem e que agora é pouco diversificada, eles também serão pouco diversificados. Até plantações de caju (*Anacardium occidentale*) na Amazônia estão cheias de doenças e pragas, embora sejam plantas nativas da região.

Em uma extensa plantação de citros, havia ácaro da ferrugem (*Phyllocoptruta oleivora*), ácaro-branco (*Polyphagotarsonemus latus*) e ácaro da leprose (*Brevipalpus phoenicis*), várias espécies de cochonilhas, mosca-das-frutas (*Ceratitis capitata*), mancha marrom de alternaria (*Alternaria alternata*), larva-minadora (*Phyllocnistis citrella*), podridão-floral ou estrelinha (*Colletotrichum* sp.), verrugose (*Elsinoe fawcettii*), besouro pantomorus (*Pantomorus cervinus*), gomose (*Phytophthora* sp.) e tripes (*Heliothrips haemorrhoidalis*). E cada um era combatido com agrotóxicos. Micronutrientes foram pulverizados de acordo com um calendário de aplicação, sem muito controle de sua concentração nas folhas. O mesmo acontecia com ureia.

O número de pragas aumentou ano a ano, o que se atribuiu a tudo, menos à nutrição algo caótica das árvores e aos desequilíbrios causados pelos defensivos, todos contendo algum mineral.

Em uma área de 300 hectares, resolveu-se suprimir, durante um ano, todos os defensivos e usar somente EM-4, um produto bacteriano que aumenta o metabolismo das plantas. Mas continuaram com o uso bimestral de *Roundup*. Depois de um ano, todas as pragas e doenças tinham desaparecido, menos a mosca-das-frutas e o ácaro da ferrugem e, de vez em quando, ainda aparecia alguma cochonilha.

Acreditou-se que EM-4 fosse um pesticida muito potente. Mas não é. Ele somente pode aumentar a absorção de nutrientes e a formação de substâncias que protegem a planta contra pragas. Além disso, a causa mais provável era que os efeitos "colaterais" dos agrotóxicos provocavam a maior parte das pragas e doenças simplesmente porque adicionavam elementos minerais às folhas, elementos estes que não tinham suas contrapartes, causando desequilíbrios. As árvores estavam "doentes dos pesticidas", como dizia Chaboussou (1980).

Essa também é a razão por que existem os "calendários de pulverizações", que preveem as pragas e doenças que serão provocadas pelo uso dos agrotóxicos. E quanto mais se usam, tanto mais doente a planta fica. Porque a "doença" da planta resulta do desequilíbrio dos nutrientes e da incapacidade para formar suas substâncias de proteção, de produção e outras.

Quando se usam defensivos orgânicos ou "inimigos naturais", a planta conterá menos substâncias tóxicas, mas ela não sara. Ela permanece doente, continuando a fornecer um produto de valor biológico baixo a muito baixo, que em nada contribui à boa nutrição das pessoas que a consomem, nem à saúde humana.

Portanto, nenhum combate melhora a situação. O que modifica a situação e a sana é a prevenção, o controle das causas.

AMARELINHO

Por enquanto, o "amarelinho" (clorose variegada; *Xylella fastidiosa*) continua fazendo suas vítimas nos pomares de citros. Conhecem-se os microrganismos que atacam as árvores, mas não se conhece seu controle. É quase como no caso do cancro cítrico (*Xanthomonas axonopodis*), cujo único combate é a erradicação dos pés acometidos, o que, na verdade, não combate nada porque se continua sem saber de onde vem a bactéria e por que ela vem.

Um citricultor de Bebedouro desenvolveu um raciocínio ecológico. Se faltar algum nutriente e não se souber qual é, existe um método de fornecer à planta o que ela necessita: aumentar o sistema radicular. Se a planta possui raízes maiores, explora um maior volume de solo e deve encontrar ali o que ela necessita. Ele não teve dúvida. Aplicou 20 a 25 kg de ácido bórico por hectare e o "amarelinho" desapareceu. Qual o elemento que faltava? Não se sabe. Mas as raízes se aprofundaram e não era mais possível arrancar um pé de laranja com um simples empurrão forte de trator. Agora existe tempo para pesquisar o que está faltando. Certamente as laranjeiras vão esgotar também o maior volume de solo. Mas até lá pode-se descobrir qual a deficiência que causa esta doença.

Também cafeeiros esgotam o solo onde crescem. Talvez as culturas consorciadas mobilizem o que a cultura principal não consegue mais.

PÉ-DURO OU RAÇA PURA

No sul do Paraná, na fronteira com Santa Catarina, vivem pecuaristas muito orgulhosos. Aliás, todos os grandes pecuaristas são assim. Dizem que "a lida com gado cria machos", e parece mesmo. Por isso não é fácil mudar a opinião vigente. Criavam um caracu ainda dos tempos da colônia portuguesa e, como imediatistas, sempre vendiam o gado que passava melhor a época fria, com escassez de pastagens, e criavam o "refugo" mais magro, de modo que a raça definhava, até que o governo resolveu intervir. Queria obrigar os pecuaristas a introduzir a raça Devon. Porém, os pecuaristas alegaram que vendiam gado com 500 kg/rês e que não aceitavam a proposta.

Mandaram-me lá para ver. Coincidiu com a época da venda de gado, e fiquei por dois dias na balança, onde pesavam o gado, de três em três animais, antes de ser embarcado. A média não era de 500 kg, mas de somente 300 kg/animal, e ainda "chorado". E, como de acordo com a estatística do governo somente mantinham um animal por cinco hectares de pasto, a pecuária não justificava o estilo de vida que os pecuaristas mantinham.

Rodamos pelas propriedades e verifiquei que ainda existia muita floresta de araucárias, de pinheiros. Era da venda da madeira que os pecuaristas tiravam o dinheiro que a pecuária não fornecia. Quando acabassem os pinheiros, a falência deles seria certa.

Então resolvi convocar todos para uma palestra. O prefeito me assegurou que, normalmente, dos 120 pecuaristas apareciam somente uma meia dúzia, e estes iam embora depois de meia hora. Mas eu tinha de tentar, porque queria pôr a limpo sua economia e fazer uma proposta.

Para surpresa geral, apareceram 85 proprietários. Falei por duas horas, perguntaram muita coisa e a reunião foi muito animada. Até o bispo participou, porque a igreja também tinha uma boa renda de sua propriedade. Discutimos longamente sobre os pastos, comentando que todos eram de solos muito ácidos e que continham somente grama-missioneira e outra espécie do gênero *Axonopus*. Chegamos à conclusão de que o caracu era a única raça que poderia dar um rendimento bom naqueles pastos, mas que necessitava de uma filosofia diferente de manejo: vendendo-se os piores animais, depois de engordá-los, e procriando os melhores. Aí a raça voltaria a melhorar. Mas o segredo continuava. Por que teriam vindo tantos pecuaristas?

Como era sábado, fui à missa da noite e então o bispo me explicou o segredo. Aconselhou a todos que não tinham aparecido a pedir um bis e a escutar também minhas explicações. Disse que havia 85 participantes porque queriam saber o que uma mulher podia dizer a um homem, mas que tinha valido a pena.

POR QUE AS RAÍZES CRESCEM PARA CIMA?

Chamaram-me para o Rio Grande do Norte. Plantavam cana-de--açúcar, e as raízes saíam da terra. Já vi isso uma vez com algodão, e outra vez com milho em vasos de laboratório, que, por sinal, foram superirrigados. Mas não era um comportamento comum.

Era um talhão de 120 hectares. A cana nasceu irregular e os sulcos me pareciam muito profundos. Por quê?

Explicaram que a terra era muito ruim, muito dura. Desde que eles usavam o sistema havaiano de colher a cana queimada para economizar mão de obra no corte, os solos haviam decaído. De fato, com a palha queimada, o serviço era a metade. E depois tinham de queimar ainda as pontas, porque se gastava muito menos herbicida quando não existia matéria orgânica no solo para adsorvê-lo. Economicamente era uma beleza, mas os solos decaíam. Enquanto antes a renovação ocorria a cada sete, dez e até 20 anos, agora era necessária de três em três anos e, às vezes, de dois em dois anos. Concluíram que a causa eram as raízes muito superficiais e pequenas, o solo cada vez mais compactado, mais duro, e o efeito da seca cada vez maior. Aí resolveram plantar mais fundo. Fizeram sulcos de 55 cm de profundidade, onde jogavam os toletes e o adubo ao lado. Assim as raízes seriam maiores e alcançariam maior profundidade, a cana viveria mais e a seca prejudicaria menos. Parecia a solução.

Mas a cana não gostou. Muitos toletes não nasceram, porque os cupins os furavam e, depois de uma chuva, as raízes resolveram crescer para cima, saindo da terra.

Cavamos e tirei um tolete, e depois outro. Brilhava a argila onde o sulcador tinha passado. E a água da última chuva ainda estava estagnada e não podia penetrar na terra. O adubo aplicado dissolvera-se em parte. As primeiras raízes que apareceram vergavam todas para cima. Tentavam fugir dessa salmoura que se formou com o adubo. Procuravam ar e água fresca.

Pretendiam fechar os sulcos posteriormente. Teria sido outro erro, porque a cana forma seu ponto vegetativo sempre a 10 cm de profundidade. Dessa profundidade, as raízes descem. E se o solo for compactado, não descem. Desse modo, não se consegue aprofundar as raízes. Não se consegue melhorar o solo mecanicamente. O que o solo precisa são agregados e, para formá-los, necessita-se de matéria orgânica, ou seja, alimento para as bactérias que devem produzir os coloides para a agregação, que, em sua primeira fase, é um processo químico, e em sua segunda fase, um processo biológico.

O que fazer? Produzir matéria orgânica, colhendo a cana na palha, nos talhões em renovação, e plantar em 10 cm, profundidade em que a cana forma suas raízes. Com uma terra bem agregada, as raízes irão descer até 50 ou 80 cm de profundidade, ou mais, e a cana será mais bem nutrida e menos sujeita a períodos secos.

A natureza nunca pode ser forçada a fazer o que o homem considera bom. Ela tem de ser respeitada!

BURRICE OU SABEDORIA?

O extensionista não queria mais saber dessa cooperativa de bataticultores. Não tinha jeito. Os solos estavam decaídos, a adubação era deficiente e o controle fitossanitário, lamentável. Enfim, colhiam uma miséria simplesmente porque queriam.

– E então me diga que agricultor não é burro? Não vou mais lá porque não adianta! É tempo perdido! E um agrônomo da Secretaria de Agricultura foi agredido quando quis obrigá-los a fazer uma adubação verde com serradela.

Quando se escutava isso, sem dúvida parecia ser uma comunidade muito atrasada. Mas por quê? Agricultor pode ser analfabeto, mas burro não é. Disso eu tinha toda a certeza. Mas o que estava acontecendo?

Fui lá. Não como técnica da universidade, mas simplesmente como veranista. Visitei um agricultor, dois, três, muitos, e o resultado foi sempre o mesmo. Os solos estavam estragados, o plantio, profundo demais, a adubação era centrada no nitrogênio e as doenças proliferavam. Falei com o padre, mas ele só sabia que não podia mais continuar daquele jeito, iriam todos falir. Por quê, não sabia!

Conversei com muitos, e aí descobri que o problema deles era a semente da batatinha. Cada vez que plantavam, compravam semente importada da Holanda. Pagavam um absurdo por essa semente e, finalmente, não sobrava dinheiro para qualquer outra coisa. Tentavam replantar sua semente ali colhida, mas não dava certo. Era um fracasso total.

Replantavam o quê?

Eram batatinhas do tamanho da semente. Não plantavam os tubérculos maiores, porque aí iria toda a colheita. Cortar os tubérculos maiores ao meio não era possível, porque apodreciam na terra, e comprar cada vez semente da Holanda era caro demais. Não adiantava cuidar do solo, adubar mais ou pulverizar com mais defensivos, pois somente custaria muito mais e todos acabariam se endividando horrivelmente. Então ficou desse jeito.

De fato, a situação não era fácil.

– O que vocês replantaram não é semente, mas refugo. Isso só pode fracassar. Vocês querem tentar o plantio de batata-semente? E fácil. Aumentem sua adubação fosfatada para que a semente se torne forte, e depois colham um pouco antes de amadurecer. As folhas ainda devem estar verdes. Aí vocês conseguem batatinhas pequenas, mas com todo o potencial produtivo.

Estavam com dúvidas, mas prontos para encontrar uma solução. Iam tentar. Tentaram e conseguiram. O ânimo era grande. Agora estavam prontos para investir no solo, na adubação, no controle fitossanitário. Com alguma experiência, conseguiram até cinco replantes razoáveis, e o uso de semente importada tornou-se bem mais raro.

Agora não queriam um extensionista, queriam três, e estes tinham mais o que fazer e me perguntaram:

– Como conseguiu mudar tanto estes agricultores?

– Não mudei os agricultores, mas descobri o problema-chave deles. Estando o problema resolvido, não somente aceitavam tudo, mas procuravam tecnologias novas e mais vantajosas. Tinham de descobrir o *cuello de botella,* como dizem os argentinos. Removido o gargalo, o agricultor conseguia desenvolver todo o seu potencial. E o que se considerava burrice, em verdade era sabedoria.

IRRIGAÇÃO

Há uma grande diferença quando somente se irriga para superar um período seco ou se tem de irrigar direto porque a região é semiárida e falta água durante o ano todo.

Quem pode, irriga somente durante a noite. Neste horário, a perda de água normalmente é menor. Durante o dia, perdem-se 40% até 60% da água aspergida para o ar. E se um pivô – central estiver calibrado para 7 a 10 mm/dia, o solo recebe somente 4 a 6 mm. Isso é pouco, extremamente pouco. Normalmente essa lâmina de água é suficiente para molhar uma camada ao redor de 5 cm e, muitas vezes, nem isso.

Queriam saber o que fazer para não ser preciso irrigar a mesma área todos os dias. Se não irrigassem, as plantas murchavam. Tinham de adubar quase toda semana, e as doenças vegetais que apareciam não eram poucas. É problema de clima e problema de parasitas, me diziam. A causa desses problemas não podia ser encontrada no solo, aliás, não tinha nada a ver com o solo. As análises de solo eram muito satisfatórias, não mostravam deficiências. E mesmo assim as plantas necessitavam de adubo.

Abrimos o solo. As raízes estavam todas na camada superficial, até 4 ou 5 cm. Abaixo, o solo estava duro e nenhuma raiz penetrava ali. Água aspergida é igual à chuva: lixivia o solo e o adensa. Provavelmente a camada superficial também era pobre, apesar de toda a adubação, ou no mínimo pobre em todos os elementos que não foram acrescentados pelo adubo. Pedimos análises da camada superficial e se comprovou, estava toda lavada.

As plantas murchavam porque a camada do solo onde as raízes cresciam secava rapidamente, não levava nem meio dia de sol. E como o solo era muito bem cuidado e limpo, sem proteção nenhuma de sua superfície, o aquecimento era forte. Conclusão: as plantas estavam viciadas em irrigação. Como as raízes somente cresciam onde tinha umidade e o subsolo era seco, elas necessitavam de irrigação diária. E a superfície do solo já tinha pH 7,6, era salino.

– E se vocês irrigassem menos vezes, mas usassem mais água por vez? Por exemplo, 20 a 25 mm?

– Mas aí necessitaríamos de drenagem. E drenagem é cara. E também seria água perdida.

Porém, a pergunta pertinente seria: pode-se contrariar completamente a natureza? Pode-se molhar somente a camada mais superficial e deixar o resto do solo seco?

O solo se forma pelo movimento da água. Se sempre há excesso de água que percola o solo, formam-se solos lavados, pobres, podzólicos, argissolos, ultisolos.

Se houver uma época em que a água percola o solo e outra na qual sobe do subsolo e evapora, formam-se lateritas, oxisolos.

Mas se a água nunca percola o solo e somente evapora, subindo do subsolo à superfície, formam-se os solos salinos. Mesmo quando não se irriga. Com irrigação, o processo se torna ainda mais rápido. Mesmo o rio com a água mais doce do mundo, como o São Francisco, leva sempre uma pequena quantidade de sais consigo. E se a água umedece somente a superfície, deposita os sais ali. É pouco, muito pouco, mas de forma contínua. E, em sete anos, começa a salinização. Os sais aumentam agora rapidamente na superfície do solo, graças à economia de água. O solo nunca foi "lavado", nunca recebeu a quantidade de água que pudesse lixiviar os sais, e muito menos tinha drenagem para retirar essa água salgada.

E conforme o nível freático – se não estiver muito profundo –, durante as horas em que o solo seca e se aquece, a água sobe até a superfície e deposita ali sais da água subterrânea. E, uma vez iniciada a salinização, o processo se acelera.

Com pouca água, o solo saliniza, e com mais água, ele também saliniza. E como seria uma irrigação correta?

1. Usar mais água em cada irrigação, porém, mais espaçada, não todos os dias;
2. dispor de uma drenagem muito boa, que consiga eliminar a água salgada;
3. ter uma proteção do solo para evitar que sua estrutura seja destruída pelo impacto das gotas de água e que suba água do subsolo;
4. aplicar matéria orgânica suficiente para manter um sistema poroso, que permita a infiltração boa da água e impeça sua evaporação;
5. usar de vez em quando cultivos dessalinizantes, como algodão e trigo mourisco;
6. usar cultivos que mantenham o nível freático baixo, como girassol e sorgo;
7. aplicar maiores quantidades de matéria orgânica seca (palha) para conseguir a transformação dos sais em carbonatos, por exemplo, sorgo-de-vassoura;
8. plantar a cada três anos um cultivo que permita a "lavagem" do solo, como arroz-irrigado;
9. plantar quebra-ventos para impedir que o vento leve a umidade (pode levar até o equivalente a 700 mm/ano).

Deve ficar claro que irrigação não é somente a aplicação de água, mas inclui um manejo muito específico do solo, sem o qual ele saliniza.

BOTULISMO É DOENÇA?

Existe a convicção geral de que cada manifestação patológica em que participam bactérias seja doença. E que todas as doenças necessitam ser combatidas com antibióticos. E botulismo é provocado pela bactéria *Clostridium botulinum*. Contra doenças, deveriam existir vacinas, mas contra o botulismo não existe. No ser humano, botulismo é causado pela ingestão de alimentos estragados, especialmente de conservas. Mas animais, como gado bovino, não comem conservas. E mesmo assim, no vizinho, morreram mais de 300 animais de botulismo, uma intoxicação. Os animais tinham primeiro um andar "atado", arrastando as patas traseiras, logo em seguida começou um tipo de paralisia e em pouco tempo estavam mortos.

Perguntaram se eu não tinha medo de que meu gado também pegasse a doença. Não tinha. Mas o que fiz foi verificar se as análises do solo concordavam com o aspecto das forrageiras e se o teor de fósforo nas pastagens realmente estava baixo ou se somente uma ou outra variedade de forrageira não conseguia o suficiente para seu sustento. Exatamente no pasto, cuja análise era boa, com teor de fósforo satisfatório, as plantas mostraram sua deficiência. Era um capim decumbente, pangola (*Digitaria decumbens*), com colmos que deveriam deitar e enraizar nos entrenós. Mas não formou colmo algum e somente apresentava os tufinhos da planta principal. Também entrou muito rápido em floração. Aí me assustei. Se faltar fósforo na pastagem, há boa possibilidade de ocorrer botulismo. Por quê? Porque neste caso o gado come qualquer coisa, como plantas tóxicas, chapéus, camisas, plásticos, ossos de carcaças. Teria de aplicar fosfato no pasto. Mas faria efeito rápido? Isso dependia totalmente das raízes.

Abri o solo, as raízes estavam todas superficiais e não entravam mais do que uns 4 ou 5 cm. Aqui não adiantava fazer uma fosfatação, ou adiantaria muito pouco. O que o pasto necessitava era de repouso para alongar suas raízes. Nesta época, a água para o gado era pouca, e o piquete estava bem provido por um açude com muitas nascentes. Mas para não arriscar a deficiência de fósforo nos animais, o jeito era retirar o gado de lá, colocá-lo em outro piquete e instalar um bebedouro.

Se as raízes tivessem sido profundas, indicando que havia deficiência de fósforo no solo, não teria escapado de uma adubação, que francamente eu teria preferido. Mas raízes rasas apenas indicavam que as plantas não conseguiam alcançar o fósforo do solo e que cresciam somente na camada superficial lixiviada e esgotada.

Eu tinha de deixar o pasto descansar para permitir o alongamento das raízes e fornecer farinha de osso no cocho à vontade, para que o gado conseguisse suprir sua necessidade de fósforo e não procurasse carcaças de animais mortos no pasto ou, talvez, simplesmente se infeccionasse pelo *Clostridium*.

Botulismo não tem problema se a forragem for rica em fósforo ou se este for oferecido no cocho. É semelhante ao que acontece com as plantas tóxicas. O gado somente come se estiver com deficiência de fósforo. De modo que não se trata de combater essas plantas, mas de evitar que o gado as procure.

A LUTA CONTRA O DESERTO (ÁFRICA)

Desertos não necessitam ter pouca chuva. Assim, ao norte da África do Sul existe o deserto Kalahari que possui regiões com até mais de 500 mm/ano de chuva. Mas essa chuva desaba apenas num período de três meses (monções) e depois é seco.

Desertos também não necessitam ter dunas de areia que migram cobrindo tudo, como em algumas partes do norte do Saara. Por outro lado, regiões onde nunca chove, "nem um pingo", não necessitam ser desérticas, como as regiões da mata de neblina dos altos Andes, onde somente a neblina condensada, que pinga no chão, faz as plantas crescerem.

Entretanto, em todos os desertos ocorre a falta de florestas.

Desertos se formam (quando não for por causa de barreiras montanhosas que impedem a passagem de nuvens do litoral ao interior) quando: i) não chove; ii) o *solo* estiver *compactado* e a chuva escorre em sua maior parte, e iii) houver um *vento seco* que leva toda umidade do solo. Sabem disso na Mauritânia, Níger, Mali, Chade, Burkina-Faso e outros países africanos.

Esses países da região do Sahel, no sul do Saara, podem contar nos cinco dedos de uma mão quando o deserto os terá engolido, porque ele avança 50 a 70 km/ano. Não avança por meio de dunas, mas avança pelo vento incrivelmente seco. Por isso, os beduínos do deserto andam com panos na frente do nariz, para conservar a umidade de sua respiração. Quem não faz isso, já no segundo dia, tem os lábios rachados e os pulmões ressecados, com uma bronquite dolorosa.

Mesmo com muita chuva, o vento leva toda umidade em poucas horas. Assim, os povos do Sahel entraram na luta contra o deserto. Combatem o vento com reflorestamento em faixas, ou seja, quebra-ventos, e desenvolveram um sistema de preparo do solo, onde toda água da chuva é captada em valas, a curva de nível, onde também se jogam todos os restos orgânicos e finalmente se cobre com terra, e onde também se planta. Por toda parte existem açudes e barragens para segurar a água da chuva e evitar que escorra.

Mas eles sabem também que a dureza do clima e os poucos meses de chuva se devem à falta de florestas. Floresta é um termostato que regula o clima, aumentando os meses durante os quais cai chuva e diminuindo os meses em que reina a seca. Quanto menos florestas, tanto mais meses sem chuva. Isso ocorre também no Brasil, nos estados do Ceará, Rio Grande do Norte, Tocantins e diversos estados amazônicos, onde a mata está sendo derrubada com tanta velocidade que se acredita que daqui a 40 anos não existirá mais floresta tropical. E quanto mais mata é cortada, tanto mais meses de seca se instalam. Além disso, o grande aliado da desertificação é o fogo, as queimadas, que no momento auxiliam a rebrota, mas que expõem o solo ao sol e à chuva, contribuindo decisivamente para sua compactação e o escorrimento da água. E, no Sahel, o fogo, tão comum entre os povos nômades, os pecuaristas, está sendo banido.

Procuramos conhecer melhor as medidas contra a desertificação e o avanço do deserto na África. Procuramos em Burkina Faso, o antigo Volta Alta, o ministro do Interior encarregado da luta contra o deserto. Quando entramos no ministério, dizendo que queríamos falar com o ministro, perguntaram, naturalmente, qual o assunto. "É sobre agricultura ecológica", disse eu. O efeito foi inesperado. Todos os funcionários da sala levantaram-se com um pulo, ergueram o punho direito e gritaram *"en avant"*, avante. Ficamos perplexos. Por quê? O ministro explicou:

– O deserto avança e, se quisermos sobreviver, temos de combater esse avanço com todo o rigor. Não é difícil saber quando todo nosso estado será deserto. Nossa situação é muito crítica. Não podemos mais brincar de democracia, onde cada um faz o que bem entende, nem perguntar o que dá mais ou menos lucro, aqui temos de lutar como um único homem contra o deserto. E deserto não se combate nem com mecanização, nem com produtos químicos, nem com construções. Isso serve enquanto a situação ainda está mais ou menos segura. Quando ainda se pode orientar a agricultura pelo maior lucro. Mas, quando a desertificação está iminente, a luta não é mais pelo maior lucro, mas pela sobrevivência. Não é mais o dinheiro que conta, mas a vida do ser humano. A única maneira de barrar o caminho do deserto, de combater seu avanço, é com métodos ecológicos. Por isso, todos os nossos funcionários estão doutrinados para o fato de que os métodos ecológicos são nossa única salvação. E se um funcionário público, ao ouvir a palavra "ecológico" não se levantar e gritar "avante", é imediatamente demitido, porque é um traidor de nosso país e de nosso povo.

E nesse momento compreendi que a agroecologia não é uma alternativa para fazer agricultura, mas que é a única tecnologia que assegura nossa sobrevivência. A natureza foi destruída, a natureza tem de ser reconstruída. E tudo que é vivo, inclusive o ser humano, depende da natureza e de seu funcionamento, mesmo que a maior parte dos seres humanos viva em cidades.

NEMATOIDES NA CANA-DE-AÇÚCAR

Os nematoides, como a palavra nemato (filiforme) diz, são minúsculos vermes filiformes que sempre são considerados parasitas, embora não vivam somente no solo, mas também no intestino de animais, inclusive de minhocas e de humanos. Se uma planta, como árvores frutíferas, cafeeiros, cana-de-açúcar, cereais ou leguminosas, tem problemas e não se encontram parasitas foliares, procuram-se e normalmente se acham nematoides nas raízes. E estes têm de ser combatidos. Existem nematicidas que se aplicam ao solo, como Furadan, e que devem combater os parasitas.

Na cana-de-açúcar, especialmente em solos arenosos, como nos estados do Rio Grande do Norte e da Paraíba, os nematoides têm muita facilidade de se movimentar no solo e sua infestação pode ser intensa.

Chegamos a uma usina muito grande, cujo maior problema eram os nematoides, contra os quais aplicavam anualmente 50 L/ha de nematicida, o que encareceu de tal maneira a produção que os usineiros já estavam muito endividados.

Mostraram os canaviais, todos com renovação bianual, todos com nematoides, e intenso combate. E, finalmente, nos mostraram o orgulho da fazenda, um canavial já com sete anos de uso e que nunca tinha dado uma colheita menor que 120 a 130 t/ha. Certamente não tinha nematoides!

Olhamos a cana e pedimos para escavar uma trincheira, de modo a poder ver bem as raízes. Os usineiros foram muito solícitos, e no outro dia a trincheira estava aberta, até 2 metros de profundidade, expondo uma enorme quantidade de raízes longas e profusas, que iam até 1,75 metro de profundidade. Mas não eram raízes limpas. Tinham nematoides. E não cinco ou seis galhas para cada 10 cm de raiz, mas milhões, até bilhões. As raízes estavam completamente tomadas de uma infinidade de galhas de nematoides. Todos se calaram e somente fitavam estas raízes porque nunca se tinha visto algo igual.

E por que esses nematoides não matavam a cana e a matavam nos outros talhões?

Nematoides, para se nutrirem bem, injetam um hormônio de crescimento na planta. O hormônio aumenta o metabolismo da planta e fornece mais substâncias nutritivas aos nematoides. É mais ou menos como o herbicida 2,4-D em doses baixas. Enquanto a planta encontrar o suficiente em nutrientes, o hormônio beneficia a planta. Mas, quando os nutrientes são raros ou as raízes não os alcançam, o aumento do metabolismo prejudica e até mata a planta. Em solos com lajes adensadas, ou em solos muito pobres, a cultura é mal nutrida e o aumento do metabolismo pelos nematoides a mata. Além disso, em plantas bem nutridas, as feridas abertas pela entrada dos nematoides cicatrizam logo (Brix elevado na seiva, por ter teor e proporção adequada de Ca, Mg, K, B além de P), evitando a entrada de fungos e de bactérias que possam danificar as raízes.

ESPINAFRE IRRIGADO

Era um grande plantador de espinafre. Plantava protegendo contra o vento. Irrigava por meio de microaspersores, aplicava composto e adubo químico, protegia a superfície do solo com maravalha e pulverizava com molibdato de amônio para baixar o nível de nitratos nas folhas. Não havia razão para que o espinafre não devesse crescer e medrar muito bem. Mas as plantas eram pequenas e baixas e, em parte, morriam. Alguma coisa estava fundamentalmente errada, embora não se apresentasse nenhuma doença. O homem estava desesperado. Era a verdura que plantava, que sempre plantara, sempre dera certo e agora não se desenvolvia mais.

– Abra o solo! – disse eu.

O homem fez uma cara infeliz. Onde tudo é mecanizado nem existe mais enxadão. E ele trabalhava exclusivamente com enxada rotativa, dessas grandes, que pulverizam o solo até 35 cm de profundidade. Achou apenas uma "enxadeca", essa minienxada que não serve para nada porque é tão curta que não se consegue abrir buraco algum. Finalmente um vizinho achou algo que era parecido com enxadão.

Fizemos um buraco e extraímos uma planta de espinafre com suas raízes. Mas, por causa do trabalho com enxada rotativa, a terra estava tão desagregada que a irrigação, mesmo com microaspersores, conseguia adensar a terra até à superfície. As raízes do espinafre cresciam praticamente acima do solo, como em muitos plantios diretos, abaixo da camada de maravalha. E como o espinafre, quase sem raízes, murchava facilmente, irrigava-se direto. Era água demais, e a superfície do solo estava encharcada. Então, o coitado do espinafre não sabia mais o que fazer para fugir da água e do anaerobismo. As plantas com as raízes mais inundadas simplesmente morriam.

O que adiantava haver composto e adubo enterrados se as raízes não os alcançavam?

O que adiantava passar a enxada rotativa se o solo não tinha mais agregados?

– Sei que o solo era duro, antes de plantar – disse o homem. – Mas, com duas passagens da enxada rotativa, deveria estar descompactado.

Foi o grande engano. Mecanicamente nunca se descompactou solo algum. Pode-se pulverizá-lo, mas nunca agregá-lo. E um solo pulverizado, com irrigação contínua, se "assenta" (as partículas sólidas se reacomodam e adensam) em duas semanas, tornando-se mais denso do que estava antes. E todo o trato do solo terá sido em vão. É mais vantajoso não fazer nenhum preparo de solo e plantar direto do que pulverizá-lo com enxada rotativa.

E agora? O que fazer para não perder a cultura e a colheita?

Existia uma única maneira de salvar a cultura. Aplicar 8 a 10 kg/ha de ácido bórico junto com a água de irrigação, para que as raízes se fortalecessem e conseguissem penetrar nesse solo adensado. E depois, aplicar uma camada de composto na superfície para agregá-lo e evitar que a água estagnasse.

Deu certo e o homem conseguiu colher espinafre.

POLIARTRITE EM POTROS

Uma empresa americana que trabalhava na pecuária, com sucesso no mundo inteiro, lá pelos anos 1970 resolveu trazer cavalos quarto de milha para o Brasil. Os brasileiros deveriam ficar felizes porque, além dos cavalos manga-larga, não existia raça de cavalos de lida, e os manga-largas estavam praticamente restritos ao Rio Grande do Sul.

Trouxeram as éguas prenhas e as soltaram numa fazenda perto de Rancharia (SP), e a euforia era grande quando os potros nasceram. Desenvolviam-se bem, mas com três meses pegavam poliartrite e morriam. Chamaram veterinários de cavalos árabes do Chile. Receitaram uma série de remédios, mas a mortandade continuava. Chamaram veterinários dos Estados Unidos e da Austrália. Pouco a pouco encheram uma sala de 4 por 5 metros de tamanho com remédios, mas os potros continuavam morrendo. Parecia quase certo que era deficiência de cálcio e de fósforo. Injetaram gluconato de cálcio e diversas fórmulas de fósforo, mas o efeito era zero.

O que começara com tanta euforia parecia ter um triste fim. Como evitar a poliartrite? Como curá-la? Ninguém sabia.

Perguntaram-me se não sabia de alguma solução para esse mal. Nunca tinha ouvido falar de poliartrite em potros, e também não entendia nada de veterinária. Entendia somente de solos e de pastos, mas, se quisessem, eu poderia olhar. Pedi primeiro que me mostrassem o pasto dos potros. Era um pasto que dava prazer em ver: tinha vegetação nativa mista e ainda muitas forrageiras implantadas, com vegetação vigorosa e sadia.

Depois quis ver o pasto das éguas.

– Não são as éguas que estão doentes – disseram. – As éguas estão em ótimo estado, gordas e reluzentes.

– Mas, assim mesmo, posso ver seu pasto?

Não gostaram dessa insistência, porque se consideravam superinteligentes em escolhê-lo. Cavalos não comiam capim ácido? E pelo jeito não somente o comiam, mas também se davam muito bem com esse capim. E como não servia para gado bovino, era uma solução fantástica. O próprio diretor da empresa tivera a ideia porque, na compra, não se tinha dado conta de que boa parte da fazenda estava tomada por esse capim que boi não comia.

Finalmente me mostraram. Era exclusiva e unicamente capim-sapé. Olhei o capim e olhei as éguas, todas em bom estado. Mas alguma coisa não me agradava. Sapé não é indicador de um solo com pH 4,0? E um solo com este pH é rico em alumínio. Alumínio é conhecido como um desmineralizante poderoso. Crianças cuja papinha se faz em panela de alumínio têm muita dificuldade de dentição. O alumínio desmineraliza as crianças. E os potros que nasciam dessas éguas, nasciam desmineralizados. Tão desmineralizados que o movimento lhes causava artrite em todas as juntas. E quando finalmente se percebia, já era tarde.

– Tirem as éguas deste pasto – sugeri.

Não queriam porque a ideia de colocá-las ali era do presidente da firma.

– Bem, ou vocês aproveitam este pasto ou vocês criam seus potros. As duas coisas não combinam.

Resolveram transferir as éguas para uma outra fazenda e nunca mais nenhum potro morreu de poliartrite. E aqui está a raça quarto de milha, bem adaptada aos nossos pastos e à nossa pecuária.

ÁGUA DE TERMAS

Nas regiões semiáridas do Nordeste, é difícil colher bem uma cultura sem irrigação. Quase todos irrigam, e o próprio governo ajuda, como, por exemplo, na região do Rio São Francisco, onde até fornece as adutoras de água para os pequenos agricultores. Em pomares, não usam mais a irrigação por aspersão, mas usam "tripas" de gotejamento. É bem mais econômico em água, porque praticamente nada se evapora, enquanto na aspersão boa parte da água se evapora ainda no ar. Para verduras, costuma-se ainda usar aspersores, especialmente quando o horticultor é pequeno.

A grande dificuldade é que não existem mais rios permanentes, e a água do subsolo, geralmente, é salobra. Então furam poços semiartesianos e artesianos para irrigar. Os semiartesianos ainda possuem uma zona de captação, uma área de recarga e, se a água penetra bem no solo, o lençol de água é reabastecido. Os poços artesianos não gozam desse privilégio e, uma vez esgotados, a irrigação também acaba. Por isso estão pretendendo desviar uma parte da água do Rio São Francisco para o Rio Grande do Norte e o Ceará.

Por enquanto ainda estão irrigando com a água de poços artesianos.

Mostraram para mim uma horta experimental irrigada, mas com as plantas todas murchas, embora os aspersores estivessem girando.

Por que as plantas estavam murchas? Ninguém sabia. "Aqui é sempre assim. Deve ser algum problema de solo".

Abrimos o solo, era absolutamente bom, bem agregado e solto. Também o pH não era alto demais, girava ao redor de 6,5. As raízes das plantas eram pequenas, mas não tanto para deixar as plantas sempre murchas. Nesse estado, quase não podiam fotossintetizar. O que acontecia? Disseram-me que sempre era assim e que ainda não haviam colhido nada por causa dessa murcha permanente.

O aspersor girava e, de repente, recebi um jato de água na cara, de água quente, até muito quente. Estimei que estivesse a 40 °C. Os canos tinham se aquecido tanto no sol que a água saía quente. Fui à casa de máquinas onde bombeavam a água do poço. Ela saía entre 45 °C e 48 °C. Quase queimei a mão.

Perguntei a um agricultor que estava conosco:

– Vocês também irrigam?

– Irrigamos, mas temos "piscinas", onde se esfria a água antes de bombeá-la para o campo, porque aqui sai muito quente.

Com a temperatura da água no solo a mais de 32 °C, a planta já não absorve água e nem nutrientes.

Aprendi que não se pode esperar que nem a água de irrigação de poço artesiano seja fria. E quando se procura desvendar algum problema, tudo, mas absolutamente tudo tem que ser posto em dúvida.

ENTERRAR COMPOSTO NÃO É ECOLÓGICO

Visitamos um agricultor orgânico com ótima organização de venda. Toda a verdura era classificada, lavada, empacotada em bandejas e etiquetada até com código de barras. Era um pequeno agricultor, que somente trabalhava com sua família e que nem máquina possuía. Era o orgulho da agricultura orgânica da região. Visitamos sua terra, inspecionamos suas culturas, que, como geralmente ocorre entre os agricultores orgânicos, eram bastante inferiores às dos químicos. Muitas plantas tinham morrido.

O grande problema é acreditar que um produto seja orgânico porque não se usam agroquímicos, porém, continuar com o enfoque fatorial e o combate de sintomas. Na agricultura ecológica o enfoque é geral, holístico, e tenta-se agir com base nas causas e prevenção, em lugar de combater os sintomas depois.

Para o agricultor em questão, composto era NPK em forma orgânica e, por isso, as plantas eram menores e mais pobres, porque quem poderia adicionar tanto composto que equivalesse ao NPK dos agricultores convencionais?

Não me convenci de suas considerações.

– Onde coloca o composto? – perguntei.

– Naturalmente enterrado, como os convencionais também enterram o NPK – respondeu ele.

– Tem máquina?

Não tinha, trabalhava tudo com enxada. Neste caso não podia enterrar a matéria orgânica muito profundamente. Por via das dúvidas, comecei a cavoucar, para verificar onde ela ficava. Cavei 20 cm e nada, 25, 30 e nada ainda. Finalmente, a 40 cm achei o composto.

– Você enterrou isso com a enxada? – perguntei.

– Sim, foi um trabalho danado, mas consegui – disse ele cheio de orgulho.

– E por quê?

– Para que as raízes pudessem encontrar adubo lá embaixo.

– E você olhou alguma vez se as raízes vão até lá embaixo? Nisso ele não tinha pensado. Considerava como certo.

Retiramos uma raiz com todo o cuidado, com o enxadão dele, junto com uma lasca de terra, e a limpamos bem. A raiz ia somente até 8 cm e depois virava para o lado. Lá embaixo, a 40 cm, estava o composto que tinha sido enterrado com tanto sacrifício, e lá em cima a raiz, privada de tudo.

– Você compreende agora por que suas verduras não crescem direito?

Orgânico nunca é inferior ao convencional! Ao contrário, deve ser maior, mais gostoso e mais durável. E se não ficou melhor é porque se trabalhou de uma maneira equivocada. Deixe de virar terra morta para a superfície. Coloque sua matéria orgânica na camada superficial do solo, no máximo até 8 cm, e aplique ácido bórico na base de 8 a 10 kg/ha, ou seja, 8 a 10 gramas por cada 10 metros quadrados.

Ele seguiu minhas instruções. E depois me confidenciou:

– Agora dá prazer ser agricultor orgânico; trabalho menos e colho bem mais.

POR QUE ARTEMÍSIA?

A Cortina de Ferro se abriu e pela primeira vez se podia visitar um país do Comecon (Conselho para Assistência Econômica Mútua). Havia um congresso na Hungria e naturalmente queríamos aproveitar para ver algo do país. Conhecia a Hungria de antes da guerra, e a alma do país era sua *puszta*, as pastagens nativas completamente planas, onde criavam cavalos. A paixão por cavalos vem do tempo dos hunos, que, mais de 1.500 anos atrás, invadiram a Europa. Quando não matavam, no mínimo estupravam as moças, deixando uma rica descendência que de seus pais herdou essa paixão por cavalos. Havia enormes rebanhos de cavalos, famosos por sua beleza e resistência. E os húngaros eram exímios cavaleiros.

Mas os tempos mudaram. Os russos não se interessavam por cavalos e plantaram girassol e trigo, batatinhas e milho. As fazendas decaíram, as casas ruíram, os poços fecharam, e os trabalhadores que operavam as enormes máquinas viviam em aldeias ao longo das estradas.

Não existiam mais rebanhos de cavalos, nem nenhum cavalo a não ser nas fazendas estatais, para ecoturismo. Não vi mais pastos e capim. As terras estavam tomadas por um tipo de losna, as artemísias. Estranhei. Artemísias não eram plantas de solos alcalinos ou salinos?

Mas as *pusztas* tinham terras um pouco ácidas. Também não me lembrava de ter visto artemísias antes. Perguntei a um administrador de uma *Sovkose* ou enorme fazenda estatal.

– Oh – ele disse –, estas plantas temos de queimar, para que desapareçam.

– E elas desaparecem pelo fogo? – perguntei. Disso ele não estava mais tão certo.

Em lugares onde a vegetação era mais esparsa, aparecia o solo desnudo e o sal brilhava em sua superfície.

– Como vocês conseguiram produzir estes solos salinos? – eu quis saber.

– Não são salinos! – o administrador negou.

Tirei meu papel indicador, aproveitei uma pocinha de água ainda da última chuva, e medi o pH: 8,5. As artemísias não estavam me enganando.

Pouco a pouco a verdade apareceu. Queriam obrigar os solos a produzir colheitas. A Rússia fornecia o adubo químico e comprava as colheitas. Mas, como era clima temperado com invernos muito rigorosos, não se podia plantar cultivos para adubação verde. Talvez nem fosse preciso. Mas toda a palha (resto de cultura) também era retirada do campo. Em parte, para ser usada como cama do gado leiteiro confinado durante o inverno, em parte, queimada para não transmitir doenças e pragas, e os solos somente recebiam generosas quantidades de NPK e muito pouca chuva, que nunca passava de 300 mm/ano. Nenhum aporte de matéria orgânica e muito adubo químico resultou na salinização dos solos. Agora não produz mais pastagens nem campos agrícolas. E para os mamíferos silvestres que conseguem se nutrir de artemísia, o clima é frio demais. A famosa *puszta* virou uma estepe salina, destruída pela mão do homem.

SUBSOLADOR

Quando o solo está duro e compactado, o primeiro impulso sempre é afrouxar, romper o solo. E não são poucas as empresas que constroem subsoladores. São constituídos por longas e fortes hastes com pontas agudas que quebram o solo até a 40 ou 50 cm de profundidade. Muitas vezes ainda possuem um rolo destorroador para pulverizar os torrões virados para a superfície. Esse trabalho, às vezes, tem um efeito bom, às vezes, não faz efeito nenhum e, em alguns casos, produz um efeito absolutamente negativo. Culpa da máquina? Culpa do agricultor? Culpa do clima? O que acontece?

Chamaram-me para verificar um desses efeitos desastrosos. Tinham plantado trigo e pretendiam plantar soja em plantio direto. Mas o solo estava bastante adensado e duro, por isso resolveram passar um subsolador. Até pediram emprestado um trator mais potente do que o deles e romperam o solo. Mas romperam mesmo? Ainda assim, boa parte da soja não nasceu, e sim apodreceu. Neste caso não adiantava ficar parado em cima do solo e tentar conjecturar o que tinha acontecido. Tínhamos de abrir o solo. Cavoucamos fundo na linha onde uma das hastes do subsolador havia trabalhado. Ela tinha feito um sulco profundo, com os lados bem alisados, vedados e brilhantes (espelhados) pela passagem da haste. Nada havia sido rompido e as valetas produzidas estagnavam a água da chuva. As sementes que caíam ali dentro só podiam apodrecer. Por quê? Porque o solo estava úmido demais quando o subsolaram e, em lugar de se romper, formou sulcos.

Em outro local tinham subsolado e choveu em cima. O efeito foi zero. Por quê? Aberto o solo, verificamos que ele fora rompido e pulverizado por um belo trabalho de máquina e tinha se "reassentado", e a camada dura que haviam quebrado formou-se novamente, logo após a primeira chuva forte.

Solo compactado sempre é solo morto, sem matéria orgânica e sem vida. Ele não precisaria ser rompido, mas ser recuperado biologicamente. Por via mecânica, não se recuperam nem a vida nem os agregados do solo. E se engana quem pensa que produz agregados usando um destorroador. A máquina só pode triturar os torrões grandes para produzir torrõezinhos, mas nunca agregados. Torrõezinhos têm cantos agudos, agregados não têm cantos nem ângulos, e sim são arredondados, e ainda possuem microporos. Além disso, enquanto a densidade aparente do torrãozinho, mesmo se medir 5 mm de diâmetro, está ao redor de 1,5 a 1,6 g/cm^3, a de agregados está ao redor de 0,9 g/cm^3.

Para manter o solo rompido e aberto, deve-se semear de imediato alguma planta que, rapidamente, faça raízes profundas e profusas, como, por exemplo, serradela, no Sul, ou milheto, em São Paulo.

Um caso em que a subsolação deu muito certo ocorreu no Nordeste. Romperam o solo de uma maneira impressionante. Até os 40 cm da passagem da haste, o solo estava rompido. E depois disso, quase não choveu ou choveu muito pouco. Mas essa pouca chuva penetrou, e o solo rompido permaneceu aberto e permitiu um bom enraizamento. Foi a única cultura da região que deu uma colheita de razoável a boa.

O processo de subsolar o solo deve ser bem controlado. O solo precisa estar seco. Solo úmido não se rompe. O solo "aberto" tem de ser protegido. Subsolar para milho ou algodão somente surtirá efeito se chover pouco. Em anos normais de chuva, o trabalho estará perdido. Após a subsolagem, a terra aberta necessita ser enraizada o mais rápido possível. É bom quando se planta uma forrageira a lanço ou uma mistura de adubos verdes.

Quando o trabalho está sendo feito, deve-se controlar até onde se consegue movimentar a terra. Se for até 30 a 40 cm dos dois lados das hastes, é o correto. E para não tatear no escuro, é preciso abrir a terra com uma pá ou enxadão, para ver se a terra se rompeu ou apenas foi sulcada. Vale a pena, porque o trabalho é caro, exigindo muito do trator.

Mas a melhor subsolação é realizada por leguminosas com raízes fortes e pivotantes. Se a camada dura ou laje está mais superficial, crotalária (*Crotalaria spectabilis,* e mesmo a *C. juncea)* a quebra. Quando a camada é mais profunda, talvez mucuna ajude, não tanto pelas raízes, mas pela grande quantidade de massa orgânica produzida. E a mucuna ainda aumenta a massa se tiver algum suporte onde possa subir, como, por exemplo, quando é intercalada com milho. Se a camada compactada vai mais fundo, somente feijão-guandu (*Cajanus cajan*) e talvez a *Crotalaria paulina,* a quebra, mas apenas no segundo ano de vida. Em pastagens, melhor do que subsolagem é um repouso, quando as forrageiras podem recuperar-se. Quanto maior a parte vegetativa, mais profunda a parte radicular. Pastagens com solo muito compactado e adensado significam que são mal manejadas, não descansam.

O que ajuda bastante a quebrar lajes é a aplicação de bórax ou ácido bórico, que aumenta em muito o vigor das raízes e ajuda a romper lajes.

ÁGUA SALOBRA SEMPRE CRIA DESERTO?

Os pequenos agricultores ainda resistiam. Aonde iriam com suas famílias? Não que a região fosse a pior do Piauí. Os solos ainda eram mais ou menos férteis. Mas a chuva era pouca, e a água dos poços estava cada vez mais salobra. No início resistiram, mas especialmente abaixo de campos agrícolas a salinização ocorria bastante rápida. E de onde os agricultores iriam retirar água?

Já haviam feito covas de 1 x 1 x 1 metro, que cobriram com lona preta e colocaram uma pedra no meio. Aí a lona afundava. A seguir, somente tinham de pôr uma lata abaixo da parte mais funda e esperar. O sol evaporava a água do solo, a água condensava na lona e pingava na lata: água naturalmente destilada. De noite, somente tinham de retirar a lata cheia de água. Assim, água para beber tinham, mas água para plantar faltava. Como iriam sobreviver?

Porém, nordestino verdadeiro não desiste tão fácil. Tinha que ter um jeito. Mas qual?

E finalmente veio a ideia salvadora. Na praia não tem fazendas de camarão? E não criam esses camarões com ração? Pois então, e se ali virasse praia? Água salobra já tinha, água quase igual à do mar. Faltavam somente os camarões. De repente se animaram. Fizeram tanques, que se enchiam sozinhos com água salgada. E agora iriam arranjar larvas na Secretaria de Agricultura. Mas lá duvidaram.

– Como? Vocês não têm nem água doce nem água salgada. O tipo de camarão para vocês não existe ainda.

Os homens não tinham dúvida.

– Queremos uma das espécies do mar. Não precisa ser a mais fina e mais exigente.

– Do mar? Vocês estão loucos!

Quase perderam a esperança. Mas não desistiram tão rápido. Ou conseguiam criar camarão de água salgada ou virariam mais uma leva de migrantes com destino incerto. Valia a pena tentar. Resolvidos, levaram suas larvas de camarão do oceano e esperaram. Elas se adaptariam à água salobra?

As mulheres rezavam para o padre Cícero. O santo não poderia dar uma mãozinha, para que os bichinhos se adaptassem e acostumassem a viver em água salobra? E pelo jeito, parece que ele deu uma mão.

As larvas de camarão do mar adaptaram-se, cresceram bem e produziram otimamente. E, de repente, uma região semidesértica virou florescente produtora de camarão. O que se necessitava era só a coragem para mudar.

BRUSONE NO ARROZ

Todas as sementes necessitam ser programadas para um determinado ambiente. Já faz mais de 40 anos que Bakurdzhieva (1970) descobriu que as sementes fazem seu programa para a vida no momento em que a absorção física de água passa para a absorção fisiológica. O que não estiver à disposição no tecido de reserva ou nessa primeira água da solução do solo não será utilizado. A planta pode entrar em programas alternativos que permitem que ela ainda consiga crescer, florescer e frutificar sem determinado micronutriente. Mesmo quando depois é adubada com um ou outro micronutriente, a planta o absorve, mas não o consegue utilizar e a deficiência que se queria corrigir continua. Isso ocorre porque micronutrientes são catalisadores dos quais dependem as reações químicas e, consequentemente, a formação de uma determinada substância. Se a planta resolver que não é possível formar essa substância, a exclui, dentro das possibilidades do programa genético. O produto geral perde seu valor biológico, e a planta se arrisca a ser atacada por pragas ou doenças.

A brusone (*Piricularia oryzae*) é uma doença temida mundialmente.

Nos Estados Unidos, chama-se *rotten neck*, pescoço podre, porque a panícula se quebra e cai, ou também *blast*, pé de vento, porque se a planta for atacada no início de seu desenvolvimento, o colmo apodrece embaixo e cai.

Fizemos centenas de análises do solo de arrozais com e sem brusone e verificamos que a doença somente aparecia em solos pobres em cobre e manganês. Adubamos com os dois elementos, mas o efeito foi praticamente zero. Finalmente resolvemos "programar" as sementes pulverizando-as com uma solução de 1% de sulfato de cobre e liberando 3 kg/ha de sulfato de cobre na água de irrigação. E isso controlou completamente a doença. O manganês somente aumentou a colheita, mas não influiu sobre a *Piricularia*.

Neste caso, aplicando cobre na semente, ela "ficava sabendo" que o solo (ou a água de irrigação) iria contê-lo. Se a semente tivesse vindo de um campo rico em cobre, não necessitaria de aviso. Mas, quando vem de uma terra pobre em cobre, a adubação não fará efeito sem o aviso à semente. Sempre se deve considerar que solo e planta são um conjunto que constituem uma unidade, e que a planta é o produto do solo e do microclima.

Portanto, a análise do solo, muitas vezes, pode informar sobre as causas das doenças.

SRI OU SISTEMA DE PLANTIO INTENSIVO DE ARROZ

Em Madagascar, os pequenos agricultores que não possuem dinheiro para comprar adubos ou defensivos conseguem somente muito pouca água para a irrigação. As propriedades são tão minúsculas – geralmente entre 0,5 a 1 hectare – que introduziram um sistema que faz a terra produzir supersafras.

A iniciativa partiu de um padre, que viu a luta desses miniproprietários para nutrir sua numerosa família com tão pouco campo. Ele iniciou o *système de riziculture intensive*, que praticamente se fundamenta no fato de o arroz também necessitar de um solo arejado, embora no Brasil se diga que "se pode plantar arroz mesmo em asfalto", quer dizer, não importa se a terra está agregada ou compactada, sem ar.

Já na Indonésia, descobriram que o arejamento do solo aumenta substancialmente as colheitas. Possuem lá um sistema em que drenam o campo logo após o arroz ter nascido e deixam faltar água até as plantinhas murcharem. Isso tem por finalidade obrigar as raízes a seguirem a água, se aprofundarem e finalmente saírem da "camada de redução", entrando na camada arejada subjacente. Somente depois soltam a água de novo.

Quem nunca abriu um solo de arroz irrigado não sabe que abaixo da camada manchada de cinza e azul, a camada de redução, existe outra, agregada e arejada.

Na camada de redução, os nutrientes também estão "reduzidos", quer dizer, perderam seu oxigênio e, em lugar dele, ligaram-se ao hidrogênio. Mas nessa forma são tóxicos, como, por exemplo, o sulfato (SO_3) vira gás sulfídrico (SH_2), que prejudica seriamente o arroz e beneficia apenas o capim-arroz (*Echinochloa crusgalli*) que prolifera nesses solos. Forçar as raízes a passar essa camada desfavorável e entrar em outra favorável é o objetivo desta medida.

O sistema de arroz intensivo fundamenta-se em três pontos conhecidos:

i) quanto mais se revolve a matéria orgânica, mais rápido ela se decompõe; ii) arroz necessita sempre de um solo úmido, mas não deve ficar sempre submerso; iii) quanto mais espaçado um pé do outro, tanto mais colmos ele fará, perfilha mais.

Neste sistema, eles plantam as mudas de arroz, ainda bem pequenas, muito menores do que se usa fazer no Japão, num espaçamento de 40 x 40 cm, o que permite passar com a enxada rotativa nos dois sentidos. A enxada rotativa não é nada favorável ao solo, porque despedaça os agregados, mas com suficiente matéria orgânica é tolerável. Até o emborrachamento, fecham a entrada de água cada vez que o campo estiver umedecido e somente quando os colmos começam a inchar pelas espigas (emborrachar) deixam uma lâmina de 5 cm de água. Então conseguem produzir com pouca água. Por outro lado, cada vez que o solo estiver mais ou menos seco, passam com a rotativa, para arejá-lo. Fazem isso até sete vezes antes de deixar o espelho de água no campo. Dizem que solo arejado rende mais.

E a colheita? São 15 a 16 toneladas por hectare, duas vezes ao ano.

A única preocupação que têm é fornecer anualmente o máximo de matéria orgânica. Colhem somente as panículas (cachos) e deixam toda a palha no campo. Pode ser que a médio prazo seja pouco e que precisem de mais material orgânico ou mesmo de algum nutriente. Mas, por enquanto, funciona. Plantam sem adubo químico, sem esterco, sem nada, somente com a palha, os inços (plantas invasoras) e o arejamento.

SOLO X PLANTA X ANIMAL

Solo, planta e animal dependem um do outro. É impossível beneficiar somente um dos três, porque isso significaria negligenciar os outros. O que é bom para o solo também é bom para a planta e o animal. Pecuária sem considerar o solo e as plantas não existe. Antigamente pecuaristas na África, Oriente Médio e Ásia, inclusive os israelenses, eram nômades e extremamente beligerantes para forçar a passagem com seus rebanhos por regiões agrícolas. Quando proibiram as migrações, as pastagens se deterioraram, e os povos ficaram pobres e miseráveis. Em realidade, o nomadismo era o manejo rotativo racional das pastagens, atualmente conhecido como "sistema Voisin", embora André Voisin não o tenha introduzido, mas apenas o tenha embasado cientificamente.

Também as doenças animais, inclusive o ataque dos parasitas, de alguma maneira tem a ver com o solo. Os australianos descobriram há mais de 30 anos que a verminose em ovinos e bovinos depende da forragem e do manejo pastoril. É como os neozelandeses dizem: "Trevo é um santo remédio contra verminose". Os parasitas dependem da alimentação dos animais. Em pastagens mistas, com bastante leguminosas, as fêmeas dos vermes põem muito menos ovos, tão poucos que não é preciso vermifugar ovinos a cada três ou quatro semanas, mas somente de quatro em quatro meses, e apenas por precaução.

Mas os vermes não se multiplicam dentro do intestino dos animais. Os ovos postos são excretados pelas fezes e eclodem no pasto, conforme a época do ano, em dez a vinte dias. De manhã e à tarde, as larvinhas novas sobem nas forrageiras à espera de um animal que as coma. Fazem isso durante até duas semanas. Se neste intervalo não aparecer nenhum animal, caem e morrem. Pastos com uma mistura de capim e ⅓ de leguminosas diminuem o número de vermes. E o manejo rotativo dos piquetes (com período de descanso entre cada entrada de animais) impede que um animal os colha. Não é preciso vermífugos, necessita-se somente de um manejo racional. E quando se considera que os vermífugos fosforados injetáveis matam o "vira--bosta", o besouro que come as larvas da mosca-dos-chifres (*Haematobia irritans*), ganhamos duas vezes com um manejo correto do pasto.

PÂNTANO DRENADO

Criaram o ProVárzea. Drenaram os pântanos para plantar. Mas pântano tem uma vida toda particular. Geralmente, o excesso de água evitava a decomposição completa da matéria orgânica, que se transformava em turfa. Fizeram essa experiência também nos Everglades da Flórida, nos Estados Unidos, margeando o Rio Kissimmee. Retificaram o rio, drenaram os pântanos e, como a turfa era extremamente ácida, aplicaram bastante calcário. O pH subiu pouco. Tinham esquecido que terra inundada por meio da "redução" dos compostos químicos sempre tem um pH de satisfatório a alto. E quando a terra seca, o pH despenca. Mas, em contrapartida, a turfa se decompõe rapidamente. Trabalharam poucos anos e o nível dos solos baixou até três metros. Se continuassem assim, criariam uma terra abaixo do nível do mar, como boa parte da Holanda, que por isso se chama *Nederland*, ou seja, "terra baixa".

E o que o estadunidense faz, o brasileiro também tem de fazer. No vale do Rio Paraíba, havia muitas terras pantanosas. Começaram a drená-las e a plantar arroz. Era uma beleza. As plantas eram de um verde luxuriante e o arroz alcançava dois metros de altura. Mostraram-me a maravilha. E então eu tive minhas dúvidas quanto ao ProVárzea dar certo. Olhei o arroz, olhei os extensionistas animados, e perguntei se já tinham visto um campo de arroz antes. Claro, qual a dúvida? A minha dúvida era que solo turfoso, drenado, normalmente mobiliza grandes quantidades de nitrogênio, o que se confirmou pelo crescimento exuberante das plantas. Mas nunca tinha visto arroz exuberante dar cachos. E se desse, estariam chochos. Levamos amostra de solo para análise: faltava o cobre. As folhas também foram analisadas. O nitrogênio era bom, nada de excepcionalmente alto. O pessoal se alegrou. Mas o teor de cobre era praticamente zero. E a proporção entre nitrogênio e cobre (N/Cu) sempre é fixa. Para cada 35 íons de nitrogênio, tinha que existir um de cobre. E este não existia. E o arroz não formou panículas.

Acharam terras pantanosas no sul do Rio Grande do Sul, bem no extremo do Brasil. Eram terras com um pH bem elevado, ao redor de 7,8 a 8,1, quando submersas. Fizeram sulcos profundos para drenar o terreno. Alguém teve a boa ideia de medir o pH do solo drenado e seco. Estava ao redor de 3,2. O nível de água tinha baixado para um metro abaixo da superfície, e todos os elementos, antes "reduzidos", agora estavam oxidados. E neste caso o oxigênio é um formador de ácidos. Eram os "gases do pântano", o gás sulfídrico (SH_2) e o metano (CH_4), que dão ao pântano esse cheiro típico e inconfundível, e que agora haviam se oxidado, formando sulfato (SO_4) e gás carbônico (CO_2), que acidificam os solos. Era o manganês (Mn^{2+}) que dava ao pântano sua cor preta, porque havia se oxidado, transformando-se de manganês bivalente (Mn^{2+}) em trivalente (Mn^{3+}). Também o ferro se oxidou e outros mais. Com calagens pesadas, todos esses ácidos poderiam ser neutralizados, mas a turfa iria se decompor como manteiga que se derrete ao sol. E sem calagem não era possível plantar. O que fazer?

– Fechem os drenos e deixem somente de 20 a 25 cm superficiais de terra secar – orientei. Assim, nem todo o enxofre, metano, manganês, ferro e outros iriam se transformar de uma só vez. Já seria possível cultivar 20 cm de solo seco, sem que ele se oxidasse totalmente.

– E se plantarmos arroz? Arroz desenvolve em solos úmidos, pantanosos – perguntaram.

– Cresce sim, mas não prolifera. Arroz é a única planta de cultura que consegue arejar suas raízes por meio de oxigênio que capta pelas folhas e que manda através do aerênquima, um tipo de tubo, para as raízes (os "pulmões" das plantas). Mas isso é um esforço muito grande e custa ao redor de ⅓ da colheita. Portanto, quem quer colher bem não pode querer que isso seja necessário. Solo se maneja com todo o respeito e amor. É melhor plantar verduras.

E foi o que fizeram.

QUANDO ÁGUA SALGADA INVADE OS CAMPOS

Ao redor de Pelotas, os arrozais são bastante rendosos, e as colheitas até aumentaram com o plantio direto. Só que as pragas das raízes também aumentaram, como o gorgulho-aquático (*Oryzophagus oryzae*) que parasita a raiz. Mas isso era um problema à parte.

Os campos de arroz são muito baixos, ficam quase ao nível do mar. E quando há maré alta, o mar invade os campos de arroz, e aí a esperança de uma boa colheita se vai. Arroz não se dá com água salgada.

Também as terras ficam com resíduos de sal, e as condições para boas colheitas diminuem. Mas não é que se pode programar a semente? Prepará-la para uma condição pela qual tem de passar? Programa-se a semente do arroz para receber uma adubação com cobre, embora este, por natureza, seja extremamente tóxico para o arroz. Por que não programar a semente também para a invasão do mar e para crescer em solos com resíduos salinos? Se os solos estão com estrutura favorável para o arroz, por que não programá-lo para o desastre que ocorre quase todos os anos?

E fizeram isso. Antes do plantio, pulverizaram a semente com uma solução de concentração baixa (ao redor de 5%) de água salina do mar. O aviso foi dado. A semente sabia o que esperava a planta. E ela fez seu programa para a vida, calculando o uso ou a resistência ao sal. E se os campos não permanecerem tempo demais sob a água de mar, o arroz o suporta bem.

DOENÇAS PROVOCADAS (UVAS)

Era desesperador o que acontecia numa cooperativa vitícola, que plantava uvas de mesa. A cada ano apareciam novas doenças e parasitas, embora fizessem tudo o que a agricultura química mandava. Mantinham as plantações abaixo de sombrite e raleavam os cachos. Aplicavam calcário todos os anos, tanto que o pH já estava ao redor de 8,1. Adubavam todos os anos com NPK, passavam defensivos químicos todos os dias, irrigavam todos os dias, enterravam a cada ano 20 litros de composto por pé, plantavam adubos verdes, sempre leguminosas, mantinham o solo coberto por uma camada de palha e, mesmo assim, as doenças aumentavam.

Queriam que eu fizesse uma palestra. Mas sobre o quê? Agricultor não se interessa em saber teorias. Ele quer saber exatamente do que precisa. Quer saber o que fazer, enquanto o técnico quer saber por que se faz. O "porquê" é a teoria e o "o quê" é a prática.

Também já me tinham avisado que os agricultores normalmente não apareciam nos eventos que a cooperativa promovia. Viria uma meia dúzia dos 125 cooperados. Sempre foi decepcionante. Bem, isso era assunto deles. Mas como eu poderia falar sobre algo que não conhecia? Tinha de visitar primeiramente alguma propriedade. Pelo que diziam que eles faziam, a vinícola tinha de ser um paraíso de produtividade. Mas não era. Era somente um paraíso de doenças.

Visitei alguns agricultores. A terra era superirrigada e meio encharcada. Como nessa região ocorriam anualmente de seis a sete chuvas de pedra, protegiam as videiras com sombrites. Mas os sombrites estavam um tanto baixos e, embora eu não seja alta, tinha de andar curvada. Olhei para cima para ver as folhas e me chamou a atenção o fato de haver muitas folhas pequenas e outras com nervuras entupidas, que não eram verdes, mas de cor marrom. Estranhei. Nervuras entupidas são típicas de deficiência de cálcio ou o seu oposto, o excesso de manganês. Como eles teriam conseguido o excesso de manganês com tanto calcário e pH elevado? Eu teria sido enganada? Tentei adivinhar o segredo, mas finalmente desisti e perguntei:

– Como vocês produzem este excesso de manganês com tanto calcário? O agricultor riu.

– Muito simples. Pulverizo todos os dias contra *Botrytis* com Maneb, que contém manganês.

Assustei-me. Mas, se há excesso de manganês e deficiência de cálcio, logo vão ter também antracnose. O homem me olhou.

– Já tem – disse ele secamente.

– E o que faz contra isso? – eu quis saber.

– Coloco um excesso de fósforo. Controla bem.

Nesse momento me deu um estalo.

– É por isso que você tem deficiência de zinco em todos os pés! É o excesso de fósforo que induz a deficiência. Com isso, vai ter logo uma broca no tronco.

O homem me olhou desconfiado:

– Como sabe? Este ano já apareceu também.

Aí me lembrei do Francis Chaboussou: as plantas doentes dos pesticidas. Será possível?

Abrimos o solo. A superfície estava encharcada, mas abaixo, apesar da cobertura com palha e das leguminosas, havia uma laje dura que deixava a água entrar muito lentamente. E a 80 cm de profundidade estava o composto, como uma bomba de gás venenoso e com cheiro desagradável. Nenhuma raiz chegava até ali. Ou fugiam dos gases ou eram impedidas pela laje dura.

Visitei mais dois agricultores. Foi o mesmo.

– À noite darei uma palestra, se porventura se interessarem! – convidei. À noite, quando cheguei à cooperativa, estavam de mudança.

– O que aconteceu? – perguntei.

– Veja a multidão que apareceu. Não temos lugar aqui. Temos de mudar para uma sala bem maior.

– Mas não tem lugar para seus cooperados? – retruquei.

– Para eles, sim, mas não para toda essa gente que veio de fora.

Todos queriam saber o que fazer. Agora sabiam que muita coisa que faziam não estava certa. Sugeri que aplicassem boro para aumentar as raízes e quebrar a laje, e conseguir uma melhor nutrição das videiras. Com raízes maiores, haveria mais oportunidades para que elas fossem bem nutridas. E sugeri que futuramente colocassem o composto na camada superficial, para que não fosse mais uma bomba de veneno, mas um agregador do solo.

Eram muitas perguntas: qual a melhor leguminosa, como tratar o solo, como irrigar melhor, como combater as doenças e pragas. Porém, não era o caso de combater, mas de evitar. Em solo melhor, com raízes maiores, muita coisa se resolveria sozinha.

SIGATOKA TEM CURA?

Existem enormes plantações de bananas na Costa Rica e outros países da América Central, e agora também no Equador. Bananeiras a perder de vista. Todas muito bem tratadas, limpas de qualquer invasora por meio do uso intenso de Roundup, adubadas de dez em dez dias com *NK*, e uma irrigação bem controlada em valetas. Diariamente, os operários, com facões em hastes compridas, cortam as folhas doentes com sigatoka (*Mycosphaerella fijiensis*), as recolhem e queimam. Contam diligentemente quantas folhas existem sem a doença, porque precisam ser no mínimo oito para que a planta ainda tenha condições de produzir um cacho razoável. De semana em semana, aplicam um defensivo por cima, à base de óleo mineral, mais para acalmar a consciência do administrador do que para curar o mal. Parece que se estabeleceu uma convivência pacífica entre a sigatoka e os plantadores.

Procuramos as raízes das bananeiras. Não foi difícil. Estavam todas superficiais e grossas como um dedo. E nem eram compridas. Estavam tão superficiais que qualquer vento derrubava os pés. Isso explicava por que uma bananeira tinha de ser amarrada à outra. Era uma trama densa de cordas para mantê-las eretas.

Finalmente foram aconselhados a colocar matéria orgânica para melhorar essa situação. Também bananeiras necessitam de raízes que as ancorem no chão. Mas eles iam tirar matéria orgânica de onde, se não existem confinamentos de bois nem gado leiteiro, somente bananais e cafezais?

Veio uma proposta interessante: fazer o biofertilizante bokashi.

Mas de quê? Aquele feito de farelos era impossível. Não existiam cereais nem torta de mamona. Mas o bokashi não é simplesmente uma mistura de diversos tipos de matéria orgânica regada com EM-4 – um preparado de microrganismos zimogênicos criados em melaço e fermentada a temperatura elevada?

Existiam enormes depósitos de restos de bananas atrás das fábricas que as industrializavam, do mesmo modo como ocorrem enormes depósitos de bagaço de laranja atrás das esmagadoras, e que também podem ser utilizados para produzir bokashi, isto quando não contêm dioxina. Esta é um agente cancerígeno que se forma num determinado passo do processo da produção da polpa de citros com hidróxido de cálcio – entra no processo de secagem –, preparado com queima de pneus velhos. A fumaça gera dioxina que contamina o óxido de cálcio. Os restos eram ótimo adubo para os laranjais, porque devolvia em parte o que os frutos tinham levado.

Misturaram os restos das bananas com serragem ou maravalha, também frequente nas serrarias, juntaram cama de frango, regaram com EM e cobriram tudo com sacos plásticos. E depois continuaram como de costume. Virado a cada dia, em quatro ou no máximo oito dias, o bokashi estava pronto para uso. A grande dúvida era: estes resíduos não contêm muitos agrotóxicos? Continham. Porém, à medida que se colocava bokashi nos bananais, a saúde das bananeiras melhorava e a aplicação de defensivos ficava cada vez mais espaçada.

O bokashi ficava cada vez mais limpo de agrotóxicos e, finalmente, as bananeiras não necessitavam mais de defensivos. Era o milagre da matéria orgânica. As raízes certamente ainda ficavam grossas e superficiais. Era o herbicida. Mas, com o tempo, a camada de matéria orgânica aumentou, formando um *mulch* espesso por cima do solo, e as invasoras não apareciam mais. As raízes ficaram mais compridas e parece que se sentiam bem entre o *mulch* e o solo, pondo ainda em perigo a estabilidade precária das bananeiras. Se a raiz permanece perto da matéria orgânica é porque procura por boro. Assim, o que se necessita agora são entre 15 a 30 kg/ha de ácido bórico. Aí as raízes descerão no solo dando não somente maior estabilidade às bananeiras, mas também uma nutrição melhor. Quantos nutrientes iriam encontrar no solo que até agora estavam inalcançáveis? Sigatoka tem cura?

Por enquanto não, mas as bananeiras podem ser mais saudáveis, e assim o fungo não ataca de forma a gerar danos econômicos.

VIOLÊNCIA URBANA TAMBÉM DEPENDE DA DECADÊNCIA DO SOLO?

Recebi um e-mail do Ceilão (atual Sri Lanka), essa ilha ao pé da Índia, perguntando: "Violência urbana tem a ver com a decadência do solo?", e a pessoa pedia: "responda somente com sim ou não". Considerei a pergunta estranha.

Se alguns playboys incendeiam um índio pataxó no centro de Brasília, o que isso tem a ver com os solos compactados no estado de Goiás? Se uns louquinhos fazem racha noturno nas ruas de São Paulo, matando seis pessoas que esperavam na fila do ônibus, o que tem isso a ver com a erosão dos solos paulistas? Se os meninos da favela da Rocinha fazem um "arrastão" na praia de Copacabana, roubando tudo que podem dos banhistas, o que tem isso a ver com os *hard-pans* nos solos da baixada fluminense? Ou se traficantes de drogas matam concorrentes, ou se funcionários corruptos de alguma repartição pública mandam assassinar alguém como "queima de arquivo", o que tem isso a ver com as crostas e fendas nos solos de Minas Gerais?

Parece que os asiáticos, na sua mania de meditar, às vezes, chegam a impasses colossais. Mas seria somente isso? Os indianos não dizem *solo doente – planta doente – ser humano doente*? Um solo compactado, encrostado e em desequilíbrio químico comprovadamente não produz plantas sadias. Em um terreno recém-roçado, limpo da capoeira, as plantas crescem exuberantes. Tão exuberantes que, por exemplo, o algodão atinge dois metros de altura, mas não floresce. Também o arroz, quando é exuberante, não produz grãos. Por isso, sempre se planta o milho como primeira cultura, já que ele suporta os solos ricos demais, especialmente em nitrogênio, e isso ficou tão comum, que o milho recebeu o nome de "roça", quer dizer, o que se planta depois de roçar. Cana-de-açúcar plantada em terreno recém-roçado produz facilmente 120 t/ha. E nenhuma cultura num solo recém-roçado e fértil é atacada por uma praga ou doença. Por isso os índios caiapós ou os ribeirinhos plantam somente um ano, depois abandonam o terreno para que seja recuperado. Assim, colhem bem sem qualquer problema fitossanitário.

O solo é recuperado pela vegetação nativa – a capoeira –, é sadio e cheio de vida. Mas, com os anos, a matéria orgânica se gasta, os agregados decaem, os poros (especialmente os macroporos ou poros de aeração) desaparecem, e os nutrientes se esgotam, especialmente os menores (micronutrientes). A adubação mineral com apenas três elementos: nitrogênio, fósforo e potássio (N, P e K) desequilibra os outros, que a planta também retira do solo, esgotando-os. As plantas são mal nutridas e ficam doentes, porque não conseguem produzir as substâncias que deveriam produzir de acordo com seu programa genético. Muitas substâncias ficam a meio caminho, inacabadas.

E quando se plantam monoculturas, para facilitar a mecanização, muitos micróbios morrem e somente alguns poucos, que a monocultura pode nutrir, sobrevivem. Instala-se uma vida estranha e unilateral. E as plantas doentes são atacadas por pragas e doenças. Dizem que falta o "inimigo natural", mas o que falta é a biodiversidade. O solo está doente e agora as plantas também estão.

As plantas doentes, tanto faz se com parasitas por combater ou com parasitas já combatidos, produzem colheitas de valor biológico muito baixo. Faltam a elas muitas substâncias que deveriam ter, como: proteínas, vitaminas, hormônios, enzimas, ácidos graxos de alto peso molecular, açúcares múltiplos, como sacarose em lugar de glicose, substâncias aromáticas, flavonas e outras. Os produtos não têm odor e sabor, são insípidos e, além do mais, pouco nutritivos. Mas os seres humanos não têm mais escolha e precisam comer o que se lhes oferece, porque o que interessa não é a produção de alimentos sadios, mas de lucros, especialmente para a indústria, tanto de insumos, sobretudo de agroquímicos, quanto de beneficiamento e transformação. O homem é, em parte, superalimentado, mas, mesmo assim, mal nutrido, e muitas pessoas estão simplesmente famintas. As doenças, tanto as infecciosas, e inclusive as viróticas, quanto as degenerativas, aumentam ano a ano, e a falta de leitos hospitalares é crônica. Mas também as doenças dão lucro para a indústria.

Solo doente – planta doente – (animal doente) – ser humano doente.

E num corpo doente não pode morar uma alma sadia. E essa alma doente, para criar bons consumidores, ainda é submetida a uma lavagem cerebral e espiritual incessante. E as almas, já doentes pela alimentação pouco nutritiva, agora também estão completamente vazias. Isso resulta numa ansiedade terrível, que despenca para a depressão ou explode em sexo e violência de todo tipo.

Respondi ao e-mail com um *sim*.

POR QUE O PASTO MORRE?

Tratava-se de uma grande fazenda no Mato Grosso do Sul. O solo era arenoso, mas as plantações de capim-colonião eram todas muito bonitas. Porém, no momento em que colocavam o gado para pastar, o colonião simplesmente morria, não se recuperando mais, em especial em épocas chuvosas, bem quando se supunha que iria provocar uma rebrota mais rápida. Desta maneira, a implantação de pastagens se tornou um luxo muito caro.

Mas o capim morria por quê? Nenhum especialista podia encontrar uma doença. O gado não rebaixou o capim demais, mas parecia que este morria simplesmente por causa do pisoteio.

Vi com surpresa que num campo com o capim ainda novo havia umas 20 pessoas arrancando invasoras. E todas essas invasoras tinham raízes muito superficiais e eram fáceis de arrancar. Olhei um monte de invasoras com suas raízes como que plantadas em cima de concreto. Em 3 cm, todas as raízes viravam para os lados. O colonião estaria fazendo a mesma coisa? Tentei arrancar uma touceira, mas como ela tinha as raízes enroscadas nas outras foi possível enrolar toda uma faixa de colonião como se fosse um tapete. Nenhuma raiz apresentava profundidade maior que 3 cm. O capim morria quando o gado o comia e pisoteava, porque estava privado da sombra de suas próprias folhas e porque, quando pisoteado em solo úmido, suas raízes arrebentavam e as plantas não resistiam.

– O que vocês fizeram para que seu solo ficasse tão adensado e duro? – perguntei.

Era cerrado pobre, com vegetação baixa e que havia sido arada. Araram bem fundo para virar toda a sementeira para baixo e evitar que não nascesse mais. E depois esperaram o solo secar. Quando recebeu alguma chuva, o solo encrostou. Então passaram uma grade cruzada, e o campo ficou um primor. Adubaram, plantaram e o capim nasceu que era uma beleza. Mas agora tudo morria quando pastado.

Só podia! O solo estava completamente estragado! A terra morta do subsolo se desmanchava com a chuva, entupia todos os poros de aeração e drenagem e formava essa laje grossa e dura. Na Amazônia isso ocorre, em geral, somente após o terceiro plantio de capim. Aqui já ocorreu após o primeiro plantio. Porém, na Amazônia não aravam e o solo era menos judiado.

Solo é algo vivo que tem de ser bem tratado. Não é somente usar uma máquina pesada e fazer o que se bem entende. Solo tem de ser entendido, protegido e cuidado. E agora? Agora, a única maneira de continuar era não pastar o colonião que ainda estava de pé, mas roçá-lo e devolver essa matéria orgânica ao solo. E, onde o capim já tinha morrido, plantar uma boa mistura de adubo verde para recuperar o solo. O proprietário se assustou:

– Mas a área é grande e fica muito caro.

– Bem, neste caso, deixe vir todas as invasoras e use-as como adubação verde.

Fizeram isso, o solo se recuperou, e a nova implantação de colonião foi um sucesso.

POR QUE O EUCALIPTO NÃO REBROTA?

Era no Triângulo Mineiro – a região onde tudo é o melhor e maior do mundo. É uma Itu em grande escala. E todos tinham de encontrar uma maneira mais inusitada de ganhar dinheiro. Fazer o que todos fazem não é original nem muito lucrativo. Então plantaram eucalipto citriodora, do qual extraíam óleo para exportação. E a fim de obter lenha para combustão, plantaram outras espécies de eucalipto. Tudo andava bem. Dezenas de operários cortavam os galhos das árvores, e enormes caminhões os levavam para as extratoras de óleo enquanto outros levavam o bagaço de volta aos campos. Estava tudo muito bem organizado. Mas o que não estava previsto era que as árvores cortadas não rebrotavam mais. Normalmente eucalipto tem de quatro a cinco rebrotas. Mas este não tinha nenhuma. Por quê?

Visitamos as plantações, visitamos os campos cortados. Nenhum sinal de vida. Todos os tocos estavam mortos. Era uma paisagem triste com tantos tocos mortos. E quando passamos vi um que já estava até atacado por cupins. Dei um chute nesse toco e, para surpresa minha, saiu de pronto da terra. O que havia acontecido? O eucalipto não tinha raízes de no mínimo 2,5 a 3,0 metros de profundidade? O proprietário também se admirou e tentou ver se outros tocos saíam com a mesma facilidade. Arrancou um, dois, três tocos com a mão.

Poderia ter feito a destoca do terreno manualmente. Nem precisava trator para isso. Mandei fazer uma trincheira para ver se tinha algum impedimento para as raízes – uma laje dura, água estagnada ou até uma laje de saibro ou pedregulho. Nada. A terra estava perfeita. E por que as raízes não cresciam?

O caso ficou cada vez mais misterioso. Olhei as árvores, que pela idade estavam muito finas. Deveriam ter troncos bem mais encorpados, mais grossos. Mas verifiquei uma coisa estranha. Havia várias árvores onde o broto do ano crescia bastante, mas depois morria mais da metade. No ano seguinte, saía um novo broto ao lado do broto morto, e assim por diante. Não eram árvores que cresciam normalmente, mas cresciam em degraus. E o broto tinha morrido por quê? No café também há disso: o broto morre e depois nasce um leque de brotos novos ao pé do broto morto. Aqui não era um galho e não se formava um leque. Aqui eram árvores, e se formava uma escadinha. Mas a razão não seria a mesma?

Mandei analisar o solo e as folhas para boro. Isso foi feito, e o resultado não mostrava deficiência de boro. Pelo padrão do laboratório, havia boro suficiente. Mas, em relação ao potássio, que era muito alto, o boro estava muito baixo. Era uma deficiência induzida por uma adubação bem intencionada, mas malsucedida.

– Espalhe 8 a 12 kg/ha de ácido bórico – disse eu.

Foi feito. Um ano mais tarde, a grossura das árvores duplicou e todos os tocos rebrotavam. Agora as raízes desciam até quase três metros de profundidade, nutrindo bem suas árvores.

Mais uma vez se comprovou que os dados diretos das análises não adiantam muito se não se avaliam também as proporções entre os nutrientes. Neste caso, o boro estava normal, o potássio muito alto. Era o desequilíbrio entre os dois que tinha causado todo o problema.

NA REGIÃO AMAZÔNICA TEM MINHOCAS?

Em toda a vasta literatura sobre a hileia amazônica, a "verdadeira floresta", como Humboldt chamou a floresta tropical úmida, consta que não existem minhocas (*Lumbricus* spp.). Todos os cientistas concordam que, ali, em lugar de minhocas, existem os cupins (*Termitae* spp.), porque o solo amazônico, em princípio, é muito pobre em matéria orgânica. Existe somente uma camada de 2 a 3 cm de folhas em decomposição e húmus, mas o solo abaixo é praticamente só mineral. É a famosa reciclagem rápida de toda matéria orgânica para poder nutrir a mata imponente em um solo muito pobre. A região vive da reciclagem dos nutrientes e da água. Os nutrientes são absorvidos, sobem na seiva, ajudam a formar folhas, frutos e madeira. As folhas caem e decompõem-se rapidamente, liberando os minerais, para que estes possam ser absorvidos de novo e ajudar a formar, outra vez, folhas, frutos e madeira.

Com a água não é muito diferente. Chove, a água é absorvida, sobe às folhas, é transpirada, sobe às nuvens e no outro dia cai novamente como chuva. Só cerca de 30% das chuvas vem de fora. E, sem mata, tanto a reciclagem dos nutrientes quanto a de água termina.

Os solos, em 86%, apresentam uma fertilidade muito baixa, sendo 40% arenosos, pelo menos na superfície, onde, mesmo sem macroporos, as raízes penetram bem, embora pouco profundos. As árvores mais majestosas somente ficam de pé porque uma suporta a outra. Não existem raízes para manter ereta uma árvore de 50 ou 60 metros de altura. Isso explicava por que minhocas não podiam viver ali. E provavelmente era também o clima quente que não lhes agradava.

Porém, os cientistas mais famosos também podem errar. Assim, por exemplo, nos solos da floresta dos trópicos úmidos da América Central, como na Costa Rica, as minhocas abundam. Certamente ali os solos são melhores, mais argilosos e com mais matéria orgânica. E na Amazônia?

Visitei uma fazenda, no Alto Tocantins, que tinha implantado pastagens. E ela era famosa porque possuía pastagens de capim-colonião, com até 15 anos, ainda vigoroso. Não era somente uma raridade na Amazônia, mas única na região.

O proprietário, aliás, um paulista, não tinha ido à Amazônia para explorar e ficar rico à custa da mata e dos pastos, e sim para ficar lá. Ele amava sua terra não como um valor negociável, mas como um pai ama sua filha. Ele cuidava dela e sempre tentava manter o equilíbrio entre gado e pasto. Não sacrificava o pasto para o gado, nem o gado para o pasto. Os dois tinham de viver, e viver bem, para que conseguissem continuar.

Assim, ele sempre retirava o gado quando tinha baixado o pasto até mais ou menos 50 a 60 cm de altura. O pasto certamente ainda estava alto e todos os outros riam. Quanta forragem desperdiçada com esse sistema. Porém, os outros tinham de renovar seus pastos após dois ou três anos, e os dele já rendiam bem havia 15 anos. Nos outros, a lotação de gado por hectare tinha baixado de 1 animal para 0,2 e até 0,1 animal, mas a lotação dele se mantinha sempre em 1 rês/ha.

Eu tinha de ver para crer. Então não eram clima e solo que impediam a "vocação para pastagens" na Amazônia, mas simplesmente a ganância.

O capim-colonião era exuberante e, mesmo num pasto "recém-pastado", ainda com 60 cm de altura, não se podia ver solo algum.

Tudo estava coberto pela vegetação. A chuva tropical não podia bater no solo, mas era amenizada pela massa do capim. E as chuvas ali eram tão violentas que qualquer guarda-chuva quebrava nos primeiros dois minutos. Por isso não existiam guarda-chuvas na Amazônia, pois são proteção somente para chuvas mais mansas. Por esse motivo, solo desprotegido ali não funciona por muito tempo e se estraga pela violência das chuvas. Abri a terra. Uma terra humosa, fresca, agregada, grumosa e com uma enorme quantidade de minhocas que pulavam quando retirei um torrão de terra com a pá. Nunca tinha vista coisa semelhante e muito menos no paralelo 7, onde a terra deveria ter somente cupins. A ciência tem as suas regras, mas a natureza também. E, cuidando-se do solo, ela agradece.

PLANTIO DIRETO (PD)

Atualmente, no Brasil, já existem quase 32 milhões de hectares sob plantio direto. Em realidade, deseja-se o Plantio Direto na palha, pois o segredo do sucesso do sistema está na palhada sobre o solo (o PD sem palha fracassa). A cobertura do solo, com os restos de cultura e palhadas, impede o impacto das chuvas sobre o solo e, com isso, a erosão. Há terrenos bastante declivosos sem uma única curva de nível e sem a mínima erosão. Uma camada densa de 1 a 2 cm de palha (6 t/ha) ameniza tanto o impacto da chuva que a superfície do solo não se compacta mais e a água penetra. Mas 1 a 2 cm de palha não amortecem ainda a pressão das máquinas nem impedem o aparecimento de invasoras, exigindo anualmente herbicidas dessecantes.

Para amenizar a pressão das máquinas, é preciso uma camada de 6 a 7 cm de palha (8 t/ha) na superfície do solo. Uma camada tênue também não impede que o solo seque e, geralmente, necessita tanto de irrigação quanto um terreno trabalhado convencionalmente. Porém, já é o suficiente para que as lesmas gostem do ambiente e se assentem, especialmente, na horticultura.

Também em monocultura de soja, com uma palha altamente decomponível, é difícil conseguir uma camada grossa de cobertura morta. Isto se consegue somente com uma rotação de culturas muito bem organizada, de mais ou menos cinco a seis cultivos diferentes, dos quais no mínimo dois devem possuir palha alta e dura, como, por exemplo, sorgo forrageiro ou milho, excluindo-se as variedades híbridas ananicadas, ou mesmo a integração lavoura – pecuária, em que a gramínea fornece a palha, e se tiver brisa constante ou ventos, uma integração lavoura – pecuária – floresta.

No planalto do Rio Grande do Sul havia milho em PD. No início era uma alegria ver esse milho. Mas, com o tempo, ele exigia cada vez mais adubos e, finalmente, nem quis mais crescer sem irrigação. Usavam como dessecante 2,4-D e glifosato. O primeiro é um produto sistêmico com ação hormonal, que deixava "as plantas crescerem até a morte", quer dizer, aceleravam o metabolismo e crescimento além das possibilidades de absorção de nutrientes. O Roundup, um herbicida também sistêmico inibidor enzimático, que prejudica a síntese de três aminoácidos essenciais, não mata as plantas, mas prejudica suas raízes, permitindo que fungos entrem, matando-as. Os cultivos têm de se adaptar aos dois. Porém, tudo era caro e, finalmente, os agricultores acharam que o PD se tornou dispendioso demais.

Os únicos seres que poderiam responder à pergunta do que tinha acontecido eram as próprias plantas. Mas planta não é somente caule e folhas, planta também é raiz. E as folhas mantêm a raiz e a raiz mantém as folhas. Enquanto as folhas se adaptam ao clima, as raízes se adaptam ao solo. E como as folhas não conseguiam responder à pergunta, tínhamos de perguntar às raízes. Extraímos com todo o cuidado uma planta de milho. Suas raízes estavam superficiais e grossas, quase na grossura de um dedo e praticamente sem radículas, ostentando de vez em quando até um engrossamento como uma batatinha. Não podia ser o normal. Talvez essa planta fosse uma mutação genética. Extraímos outra, em outro lugar. As raízes eram idênticas. E todas as plantas mostravam o mesmo.

Os herbicidas, embora digam que sejam degradáveis, não haviam sido totalmente decompostos, nem lixiviados. Devem ter-se acumulado nos solos e induzido a deformação nas raízes.* As raízes estavam engrossadas pela falta de cálcio, (induzida por glifosato) e sem radículas, ou seja, sem pelos de absorção. Não havia dúvida, embora fosse cultivo anual, as raízes do milho haviam se modificado (para pior) nos solos com o uso contínuo de herbicidas dessecantes.

* Deve ser lembrado também que o glifosato é um poderoso quelante de cátions divalentes como Ca, Mg, Fe, Mn e outros, podendo induzir sua deficiência e que leva ao excesso e toxidez de outros elementos.

CALDO DE MATO (INÇOS OU INVASORAS)

O agricultor, que diariamente anda por seus campos, observa muito. E como vive longe de vizinhos, também matuta muito. Com a mulher ele não fala sobre isso, porque como ela poderia compreender um homem? Mulher, feita da costela do primeiro homem, tem de obedecer, mas não tem de opinar. E com a televisão é pior ainda. Somente pode ver e escutar, mas não pode esclarecer dúvidas ou trocar opiniões. Assim, ele está sozinho com suas plantas, seu solo, suas dúvidas e ideias.

Vê as culturas crescerem e o mato crescer ainda melhor e mais depressa. Tem de trabalhar duro para controlar o mato. Por que a cultura é mais fraca? Ela não é da terra. É semente comprada fora. O mato é daqui mesmo. Adaptado ao solo, ao clima, às ondulações do terreno. O mato é "gente de casa", a cultura é visitante de fora. E ele luta para manter este visitante no seu campo, usando todo tipo de tecnologia, como adubação, irrigação, herbicidas e capinas, defensivos e controladores de crescimento, e ainda não tem certeza de que vai colher bem. Quando finalmente colhe, os custos da lavoura são maiores do que o preço que recebe pelo produto, porque a cultura não tem a força das plantas nativas. Além do mais, se vier muito viçosa, é porque foi colocado nitrogênio demais e agora as doenças também vão proliferar.

E se a cultura crescesse igual ao mato, forte e saudável? Não existe maneira de transferir o vigor do mato para a cultura?

O agricultor começou a colher folhas do mato. Folhas vigorosas de tudo que invadia seu campo. Folhas vigorosas de árvores na beira do campo. Cada planta tinha outro jeito de crescer, mas sempre com vigor. Até da tiririca colheu folhas. Para alguma coisa devia prestar. Prestava para enraizar galhos, mas será que não podia prestar também para aumentar o vigor do cultivo?

Socou tudo no pilão e deixou de molho na água durante a noite. No outro dia, espremeu o caldo. Deveria colocá-lo direto sobre suas plantas? Não poderia ter alguma doença escondida ou enzimas das quais a cultura não iria gostar? Por via das dúvidas ferveu o caldo por algumas horas e depois o diluiu. O caldo de cada quilograma de ervas ele diluía em 20 a 40 litros de água. Pulverizou sua cultura. E o que aconteceu foi um pequeno milagre. As plantas de cultura aumentaram de tal maneira que quase dava para sentar ao lado e observá-las crescer. E cresciam fortes e saudáveis, com caules grossos e raízes profusas e longas. E a notícia se espalhou. Fazem isso na Colômbia, no Equador, no Paraguai, na Argentina e no Brasil.

É usado especialmente para café, fazendo o caldo de brotos de mamona e de bambu, porque são as plantas nativas que crescem com maior vigor, mobilizando nutrientes.

"E funciona por quê?", perguntei a uma professora de química orgânica da Universidade do Rio de Janeiro. Enzimas morrem na fervura. Enzimas se desnaturam já com temperaturas acima de 56 °C, mas hormônios permanecem. Fervura não os destrói. Mas quanto mais se ferve, maior a perda também de ânions. Conservam-se somente os cátions. Certamente os hormônios já são um sucesso. E se somente fermentassem as plantas moídas, por exemplo, com o biofertilizante supermagro? Isso iria conservar também a maior parte dos ânions, como fósforo, boro, molibdênio e outros.

Fica o desafio. Agricultores o inventaram. É usado em muitos países da América Latina. Por que não o levar adiante usando a força do mato para nossas culturas?

BATATINHA DE SEMENTE

A batatinha é nativa do Peru, ou pelo menos dos Andes. E sua multiplicação é apomítica (reprodução assexuada por bulbos, tubérculos e outros). Dizem que faz 500 anos que plantam batatinhas sempre de tubérculos, porque estes suportam bem a seca e o frio que ainda reina quando são plantados. Plantinhas novas morreriam. Assim, existem as mais belas variedades de batatinhas: estriadas, com pintas, brancas, vermelhas, pretas, amarelas e outras. Porém, a maioria é muito pequena. Não é maior do que um grão de feijão-de-porco bem desenvolvido. Acredita-se que as variedades sejam pequenas por natureza.

Mas quando, há 400 anos, levaram batatinhas para a Europa, elas foram dadas de presente para a rainha da Inglaterra (as variedades amarelas; as vermelhas chegaram primeiramente à Espanha). E como ninguém sabia o que fazer com elas e os jardineiros reais não se encantavam com suas flores, resolveram, mais tarde, dá-las de presente ao Rei Sol, Louis XIV da França, que colecionava curiosidades. Ele chamou as batatinhas de *pommes de terre*, maçãs da terra. E como toda a Europa queria imitar o luxo e as extravagâncias da corte de Versalhes, o rei da Prússia (Frederico II) ficou mais que encantado quando recebeu algumas batatinhas para seus jardins. Mas prussiano sempre é prático, e como as flores não o encantavam, mesmo sendo presente da gloriosa França, teve a boa ideia de multiplicar as batatinhas e dar algumas a todos os seus cidadãos para que eles a plantassem.

Plantaram por ordem do rei, mas ninguém sabia o que fazer com elas. Foram informados de que eram "maçãs da terra", mas não eram nada gostosas para comer. Então o próprio rei resolveu obrigar seus súditos a comerem batatinhas. Era uma comida estratégica, que enriquecia as colheitas de grão, e que podia ser colhida mesmo se tropas inimigas passassem por cima dela. Os emissários do rei iam de casa em casa e ordenavam que as pessoas comessem batatinhas, cruas. E como as pessoas não queriam comer gritavam: "Por que vocês não as assam ou fazem compota como fazem com as maçãs?". E assadas ou cozidas eram deliciosas, tornando-se a base da alimentação da Alemanha, Polônia, Dinamarca, Holanda e outros países frios da Europa.

Porém, nos países europeus, as batatinhas degeneravam rapidamente. Mas onde já se viu plantar sempre somente por bulbos ou tubérculos? Começaram a reproduzi-las de sementes, formadas pelas flores. No primeiro ano, as sementes deram batatinhas muito pequenas. Replantaram, e no segundo ano já ficavam maiores. E novamente plantadas davam tubérculos grandes, ao redor de 40 a 45 t/ha, algo nunca visto e nunca imaginado antes.

A Holanda se especializou em produzir batatas-sementes e vendê-las até para o Brasil. Com trato adequado, poderia haver até cinco replantes dos tubérculos sem que a colheita diminuísse sensivelmente.

E no Peru, continuam plantando sempre tubérculos, colhendo muito menos do que em qualquer outro país. De modo que os estadunidenses já dizem que o país de origem da batatinha seria o deles.

Existem vales quentes no Peru onde a irrigação é possível. Poderiam tentar recriar suas variedades que ainda existem a partir de sementes para aumentar os seus tubérculos e ter colheitas maiores. Deve-se lembrar que a multiplicação sexual existe não por causa do sexo, mas por causa da adaptação dos descendentes às mínimas alterações de solo e de clima, o que conserva a espécie durante os séculos. Ou será que as leis naturais não valem para as batatinhas?

CAFÉ SUPERADENSADO

O café é nativo da Abissínia (atual Etiópia), um país montanhoso do leste da África. Crescia ali na mata e foi descoberto pelos árabes e usado como estimulante. Cada continente tem seu estimulante: a Ásia, o chá preto, a África, o café, e a América, o cacau e a coca.

O café foi a base da riqueza agrícola do Brasil. Na terra roxa legítima, famosa por sua fertilidade, plantava-se o café em pleno sol. O café arábico formava pés enormes e, durante quase 100 anos, deu colheitas boas. Plantavam com espaçamento de 3 x 4 metros, ou seja, 825 pés/ha ou mais ou menos 2 mil pés/alq. Mas depois plantaram café também nas montanhas da Colômbia, na mata, como na África, e o café deu menos do que no sol, mas era suave, e o que perdia em quantidade, ele ganhava em qualidade.

No Brasil, pouco a pouco os solos se esgotaram e compactaram, especialmente pelo trato que lhes davam: bem capinados e arruados para as colheitas, sempre sem qualquer proteção ou cobertura superficial. A terra roxa o aguentou por mais tempo, embora, no Paraná, tenham conseguido estragá-la em dez anos.

Começaram a comparar entre os diversos países. Café gosta de sombra? As plantas talvez não tanto, mas o que ele gosta é de um solo fresco e protegido. De solo muito quente, café não gosta. Plantaram mais perto, em renques, com 3 metros entre as linhas, e aproximadamente 1,2 metro nas linhas, resultando 2.750 pés/ha, ou seja, 6.650 pés/alq. E o café deu mais, mas ainda mostrava sintomas estranhos. Primeiro o lado norte ficava algo clorótico. Era a deficiência de zinco. Depois foi o lado sul que ficou mais claro, faltava manganês. Depois o broto não levantava mais e ficava mais baixo que os galhos ao redor, enquanto na base do tronco apareciam "ladrões". Mas o pior foi que muitos brotos dos galhos morriam com superbrotação ao redor do broto morto. Era o boro que faltava.

Talvez porque todos passaram a plantar café não somente em terras boas, mas também em terras fracas, começaram a diminuir cada vez mais o espaçamento até chegarem a 8.500, 12 mil e até 16 mil pés por hectare (menos que 20 cm entrelinhas e 1 m na linha, com covas de uma planta). Agora não era mais um cafezal, parecia uma floresta da qual somente se enxergavam os troncos, e acima, o dossel de folhas e frutos.

Era de se supor que, neste tipo de plantio, o efeito da monocultura fosse arrasador e as plantas, tomadas de pragas e doenças. Porém, nada disso aconteceu. O benefício de um solo protegido contra sol e chuva, fresco e bem agregado, com uma grossa camada de folhas caídas na superfície, era tão vantajoso que nada se comparava a isso. E a colheita subiu de 30 sacos/ha para 120 e até 150 sacos/ha. E quase ninguém aduba com superadensamento.

O solo agradece a proteção, agradece tanto que ninguém compreende porque até há pouco se usava essa tecnologia com todas as capinas ou herbicidas, defensivos, adubos e trabalhos no cafezal, quando simplesmente se podia colher, e colher bem, de um solo agradecido.

LESMAS

De vez em quando existiam lesmas em hortas. Mas, geralmente, era suficiente colocar um prato com cerveja e sal, como armadilha, e no outro dia todas estavam mortas, porque tomavam a cerveja com verdadeira gula e não se davam conta de que o sal depois as desidratava.

Também uma tartaruga, ou melhor, cágado, resolvia. Comia as lesmas.

Quando, porém, se usa plantio direto (PD), com uma camada de palha cobrindo o solo e ainda se irriga, porque a camada protetora é fina demais para garantir umidade suficiente, criam-se todas as condições para a proliferação das lesmas, especialmente quando o cultivo é de verduras. E elas são vorazes comedoras. Mas campos de soja também são invadidos.

No plantio convencional não se poupa o uso de venenos, porém com relativamente pouco sucesso, e na agricultura orgânica é ainda mais complicado. O problema é que no plantio convencional o solo é revolvido, os nichos e micronichos das pragas são destruídos e aves coletam tudo que encontram de pragas após a lavração, sendo mínima a possibilidade de reinfestação. Grande parte da matéria orgânica é decomposta, privando pequenos animais do solo de seu alimento. As condições para a vida do solo são pequenas.

Por isso, pela quantidade de minhocas que se instalam é que se julga o sucesso do PD. Com o solo imperturbado e ainda com camada protetora na superfície, os pequenos animais do solo, como grilos, lesmas, *Pantomorus* (besouro), várias espécies de percevejos, cupins e outros proliferam abaixo da camada de palha. O problema de pragas e doenças, que antes parecia resolvido pelos defensivos, sejam eles químicos, orgânicos ou biológicos, agora toma outras dimensões, encontrando os agricultores desprevenidos, especialmente quando são produtores industriais, dedicados a uma única cultura.

Procura-se agora saber os costumes e fraquezas dos insetos e animais que infernizam a vida dos agricultores. Por que aparecem em grandes quantidades? Qual a condição que os beneficia? Quais os desequilíbrios nutricionais? O que comem e o que não podem comer? Muitas perguntas e por enquanto poucas respostas.

Quanto às lesmas, parece certo que são beneficiadas pela umidade e o excesso de nitrogênio na vegetação. Quanto mais luxuriante uma folha, tanto mais a apreciam. Mas elas comem somente folhas glabras, lisas. Folhas peludas, simplesmente ignoram. E aqui está a solução para seu combate. Faz-se uma rotação com um cereal com folha peluda, como aveia. Isso significa meses sem alimento. Elas podem sobreviver, mas depois estarão fracas e famintas. E então se passa com sulfato de cobre a 3%, talvez 4%, por cima do campo. E sulfato de cobre as lesmas não aguentam, mesmo em estado bem nutrido e muito menos em estado mal nutrido. Assim, acaba-se com elas.

Mas, seja lembrado, é sempre interessante planejar uma rotação de culturas com algum cereal peludo e não usar excesso de nitrogênio, seja ele oriundo de esterco, chorume, seja adubo químico. E qualquer excesso de N sempre deve ser contrabalanceado com cobre. É o equilíbrio que vale.

O SOLO INFLUI NA SECA

Seca resulta da má distribuição das chuvas – é falta de água. Mas não é somente isso, caso contrário haveria muito mais desertos. Há regiões no mundo que ainda possuem uma agricultura razoável com menos de 300 mm/ano de chuva, como nos Andes ou na Hungria. E existem outras regiões que contam com até mais de 500 mm/ano de chuva e mesmo assim são desertos, como a região do Kalahari, ao norte da África do Sul.

O que influi muito é o vento. O vento leva a umidade em até 750 mm/ano. E quanto mais compactado o solo for, mais rápido ele seca. Isso porque, pelo aquecimento de sua superfície, o vapor da água do subsolo rompe capilares retos até a superfície, por onde sai. O vento não pode levar a água se ela não estiver em estado de vapor, por cima da superfície do solo. Se o solo estiver agregado, o caminho da água do subsolo é muito sinuoso. É difícil chegar à superfície, a qual também não se aquece tanto como ocorre num solo compactado. A perda de água é muito menor.

E se o solo ainda tiver alguma cobertura, seja uma camada de palha ou mesmo uma vegetação, a superfície do solo permanece mais fresca. Enquanto o solo exposto ao sol já pode ter passado dos 56 °C ou mais, o solo coberto ainda está com 21 °C a 23 °C.

Dizem que as plantas transpiram a água, e somente o solo coberto por vegetação chega a secar. Por isso existe, nos Estados Unidos, um sistema de manejo no qual lavram o solo e o mantêm durante um ano sem vegetação alguma, para que possa se reabastecer com a água das chuvas, que normalmente são parcas na região. Então plantam um ano e deixam o solo repousar no outro. Mas esse sistema não funciona nos trópicos. Perde-se muito mais água de um solo limpo, com suas temperaturas elevadas, do que de um solo coberto com vegetação. Assim, em anos secos, o milho invadido por ervas nativas produz, porém se o solo for mantido limpo, o milho não consegue nem manter suas folhas eretas. Elas ficam quase permanentemente enroladas e murchas.

E cebolas, mesmo sem chuva, embaixo de erva-de-santa-maria (*Chenopodium ambrosioides*) produzem normalmente, enquanto a cebola no limpo nem começa a fazer bulbos.

Em solos cobertos com uma camada espessa de palha, a água conserva-se durante até três meses. Por isso, no PD com palha não importa muito a época do plantio. Não é preciso esperar por chuva, porque o solo não seca tão rapidamente. E mesmo em solos que se encontram no "ponto de murcha permanente", com 15 atmosferas de tensão embaixo de uma cobertura morta, por exemplo, o alho ainda pode produzir tanto quanto produz em solo limpo com apenas duas atmosferas de tensão. Não é somente de água que se necessita em boa quantidade, mas também de uma temperatura fresca no nível das raízes.

Porém, planta mal nutrida sofre muito mais com a seca do que planta bem nutrida. Isso porque o plasma celular é mais aguado e, portanto, se evapora mais facilmente, além de a planta não conseguir formar suas substâncias até o final. Substâncias semiacabadas podem ser lixiviadas até pelo orvalho.

Certo ano, ocorreu uma seca muito severa no planalto do Rio Grande do Sul, e boa parte da safra de milho parecia perdida. Mas, no meio de todos esses milharais que sofriam do que no Nordeste se chama "seca verde", havia um campo de milho vigoroso e com carga não somente normal, mas absolutamente boa. Era impressionante! O homem irrigava? Não, ele era um pequeno agricultor e não tinha a mínima condição para irrigar. Então por que o milho dele não se ressentia da seca como o de todos os outros? Talvez porque a terra fosse nova. Era o primeiro ano de cultivo. Antes era capoeira.

E, de fato, o solo estava muito bem agregado, o que o protegia contra a perda rápida de água. Abrimos o solo. A 43 cm de profundidade esbarramos na rocha. As raízes grudavam na camada semi-intemperizada, ou seja, decomposta. Dali tiravam seu alimento. Olhamos o milho, o solo grumoso ainda rico em matéria orgânica, e a rocha que fornecia um alimento equilibrado. E, de repente, todos pensaram a mesma coisa: a seca não é somente a falta de água. A seca é também um solo mal cuidado, decaído, desagregado, compactado, além de uma nutrição desequilibrada das plantas. Há muitas maneiras de amenizar o efeito da seca, começando com o solo e o meio ambiente, que não pode ser um descampado, sem obstáculo contra o vento.

Quebra-ventos, cobertura do solo, solo bem agregado, com suficiente matéria orgânica e culturas bem nutridas, isto é, com todos os nutrientes que necessitam, sofrem muito menos.

USAR COMPOSTO É PRATICAR AGRICULTURA ORGÂNICA?

A agricultura orgânica tem suas normas, e estas dizem que se precisa de composto. Então todos fazem composto. Os plantadores de cana-de-açúcar orgânica usam todo bagaço e torta de filtro para produzir composto, e alguns até instalam granjas de frangos para poder misturar cama de frango com seu bagaço. Outros, que produzem laranjas orgânicas, até entram em guerra por causa do esterco de confinamentos bovinos e de frangos. Produtores de siriguela buscam folhas de carnaúba e esterco de frango até a 300 quilômetros de distância. Plantadores de verduras vasculham tudo para achar suficiente cama de frango para seu composto. Plantadores de café brigam pela casca do café e mantêm granja de frangos.

Mas produzir composto é muito trabalhoso e caro. Como nutrir 6 bilhões de pessoas com produtos orgânicos quando 10 milhões já parecem o limite? Os adeptos da agricultura convencional já observaram maliciosamente que o composto constitui a limitação da agricultura orgânica e, portanto, somente alguns pequenos agricultores podem usar o método. Dessa forma, parece ser mais uma obsessão de alguns loucos do que uma atividade econômica que se possa levar a sério.

O composto é o pivô ao redor do qual tudo gira. Determina-se quanto esterco de granjas convencionais é permitido para não carregar o composto demais com anabolizantes, promotores de crescimento, geralmente antibióticos, organofosforados usados no controle de parasitas bovinos e outras substâncias indesejáveis. Na Alemanha, principal importador de produtos orgânicos, permitem 20% de esterco de granjas convencionais. E se o esterco for misturado com bagaço de cana convencional, pergunta-se: o que existe nesse produto ainda sem venenos? É orgânico, porque não usam adubos químicos. Mas ninguém consegue explicar exatamente o que muda.

Além disso, os agricultores orgânicos acreditam que seus produtos nunca possam atingir o tamanho e a perfeição dos convencionais, porque, com 40 toneladas de composto, adicionam somente metade do NPK usado em seus cultivos convencionais. E não é fácil conseguir o preço diferenciado, por depender de certificadores que não cobram pouco, por pertencerem a firmas que também querem ganhar. Mas somente com o "selo de qualidade orgânica" se consegue o preço diferenciado. De modo que plantar organicamente não é tarefa fácil.

Porém, como a exportação esbarra nos dias de hoje em uma série de dificuldades, especialmente de tarifas alfandegárias, cotas e outras, bem como os adubos e defensivos estão cada vez mais caros, enquanto os preços dos produtos permanecem estáveis ou caem, os agricultores estão frente a um dilema: abandonar o campo e entregar suas terras ao *agronegócio* ou, como se chama atualmente, ao agronegócio, ou tentar a agricultura orgânica, que justamente esbarra no composto. A situação parece desesperadora. Não tem saída mesmo se for mantida a visão compartimentada ou, como se chama, "temática", trocando um fator químico por um orgânico, porém, continuando a não considerar as causas e a combater sintomas.

Mas quando se enfoca o todo, procurando as causas dos problemas, quando se procura a razão de aplicar composto, quando não se encalha simplesmente na norma, de aplicar composto, a solução não só se torna bem mais barata, mas também não há limite de tamanho da propriedade. Pergunte ao solo o que ele faz com o composto.

O que se quer não é nutrir a planta com NPK orgânico, mas fornecer alimento para a vida do solo, para que esta o agregue, criando macroporos por onde devem entrar ar e água. Em clima temperado, usa-se composto porque a decomposição do material orgânico é vagarosa.

No clima tropical, o efeito da matéria orgânica não decomposta é muito maior e muito melhor, pois ocorrem etapas no processo de decomposição que melhoram a estrutura do solo e que são eliminadas durante a compostagem, que resulta num produto parcialmente estabilizado em termos biológicos. Aqui não existem confinamentos de gado que, na primavera, deixam os estábulos quase desaparecer debaixo de enormes pilhas de esterco e palha, que constitui a cama do gado, e que necessita de algum destino.

Distribuído na forma indecomposta nos campos, em clima temperado o esterco impediria o plantio. Então tiveram a feliz ideia de compostar, isto é, colocar matéria orgânica "semidigerida" no solo. E o esterco com a palha virou adubo, especialmente rico em nitrogênio, que acelerava o crescimento primaveril. E o solo, agregado pelo gelo, agora teria sua estrutura estabilizada pelas bactérias e fungos que vivem da matéria orgânica. Era genial.

E na região tropical? Na Índia, conseguem o milagre de nutrir um bilhão de pessoas numa área que não passa de 37% da área do Brasil e ainda exportam cereais. Há regiões onde vivem mais de mil habitantes por quilômetro quadrado, como em Bangladesh. Não existem animais para fornecer esterco suficiente. Boa parte dos agricultores é pobre demais para comprar adubo químico. E os defensivos já consomem grande parte da receita. O que eles fazem? De onde tiram o nitrogênio tão essencial para as plantas? Não é possível plantar leguminosas como adubo verde, porque a terra nunca pode ficar "descansando". E, segundo as contas feitas pela FAO, as leguminosas somente poderiam produzir 20% do nitrogênio necessário para toda a terra cultivada no mundo, que precisa produzir para nutrir tanta gente. Descobriram um sistema simples e fácil. Deixam a palha da cultura no campo e aplicam 200 kg/ha de escória de Thomas, resíduo cálcio-fosfórico barato da produção de aço. Com isso, possibilitam a vida de bactérias que, na decomposição da palha, produzem açúcares ácidos, os ácidos poliurônicos, e que são a comida de outras bactérias, os *Azotobacter*, que fixam nitrogênio do ar. É o método Dhar, segundo o professor que o descobriu (Nil Ratan Dhar). Assim eles fazem o chamado "composto de área". Não necessitam nem juntar a palha, nem empilhá-la, nem virar as pilhas em compostagem. Decompõem a palha diretamente no campo, à luz do sol, e recebem seu nitrogênio de graça. E de onde tiram o potássio? Da palha de milheto e de mamona. Tudo o que é preciso é uma rotação de culturas bem estabelecida.

E o solo se torna poroso, as raízes conseguem se expandir e explorar um grande volume de solo. Então as culturas ficam bem nutridas e produzem bem.

O composto, apesar das normas, não é a única, nem a melhor forma de tratar a terra na agricultura orgânica. Palha agrega mais, porque ainda existem todas as etapas do processo de decomposição, especialmente as iniciais, em que atuam os organismos celulolíticos (que decompõem celulose).

E os nutrientes que o composto adiciona ao solo?

Estes somente são um "brinde" que se recebe após a decomposição completa da matéria orgânica. Nenhuma planta come pedaços de outra planta, nem de esterco. Elas só se nutrem dos minerais solúveis liberados no final do processo de decomposição. Portanto, é um engano acreditar que composto seja adubo. Composto é alimento para a vida aeróbia do solo. O nitrogênio que ele contém depende da excelência do processo de compostagem. E os outros nutrientes? Há pouca correlação. Por isso, composto aplicado na superfície, onde agrega o solo, faz muitíssimo mais efeito do que quando enterrado. As plantas tiram seus alimentos do solo, isto é, do grande volume de solo que exploram com suas raízes ("intestinos" das plantas) quando o solo estiver bem agregado e "solto". E o esgotam? Não se houver biodiversidade, porque cada espécie e cada variedade possui potencial diferente de mobilização de nutrientes.

Portanto, o que o composto (melhor ainda a palhada com celulose) deve fazer é alimentar as bactérias que agregam o solo, criando macroporos na camada superficial, e evitar a formação de crostas e lajes duras.

Se quisermos adubar um pomar, em geral, basta plantar milheto e mamona, roçá-los e distribuir fosfato natural ou termofosfato por cima. O restante, as bactérias fazem. Se faltam micronutrientes, é preciso aplicar especialmente boro, que aumenta o tamanho das raízes e, com isso, a absorção das culturas.

Lembramos que as culturas não necessitam de composto, mas necessitam de:

1. um solo agregado e poroso (matéria orgânica – a melhor é palha – sempre deve ficar na camada superficial do solo e nunca pode ser enterrada) para facilitar a entrada de água e ar;
2. um sistema radicular amplo (boro);
3. suficiência em nutrientes, tanto de macro como de micro que, em sua maioria, se consegue de acordo com a adubação verde ou palha que se fornece;
4. da proteção da superfície do solo contra o impacto da chuva e o aquecimento. De solos quentes (acima de 32 °C), as plantas não absorvem mais nada, nem água nem nutrientes. Em solos protegidos e frescos as plantas necessitam de menos nutrientes.

E tudo isso não se consegue através do composto, mas do manejo adequado do solo e das raízes. Por exemplo, composto enterrado tem um efeito catastrófico sobre as culturas, por ser submetido a uma decomposição anaeróbica, soltando gases tóxicos, como metano e gás sulfídrico, que podem matar as mudas; não melhora a porosidade do solo nem aumenta o sistema radicular. Na agroecologia não existem receitas como na agricultura convencional, mas há conceitos que cada um coloca em prática segundo suas condições, necessidades e possibilidades.

AGRICULTURA ORGÂNICA COMPENSA?

Disseram-me que não compensava nem com acréscimo de 50% no preço. Simplesmente não produz. Dez anos de agricultura orgânica, executada segundo as normas, e o resultado não melhorou, mas piorou ano após ano. Isto é o que me disseram em Mendoza, Argentina. E faziam composto, colocando 35 a 40 t/ha. A terra poderia ser ótima, mas não era.

Bem, seja lembrado que as normas não foram feitas para orientar o agricultor, mas para proteger o consumidor. O agricultor que se vire.

A região de Mendoza tem suas particularidades. Primeiro a chuva total do ano não passa de 180 mm. Os cultivos de azeitonas e de uvas, pelos quais a região é famosa, são conduzidos com água de degelo dos Andes. Parece que tem muita água, porque toda a paisagem é cruzada por canais, inclusive a cidade e, de vez em quando, abrem as comportas e toda terra é simplesmente inundada.

Os invernos são frios, tão frios que as aulas no campo tinham de ser realizadas à tarde, quando os dedos não ficam mais rígidos ao manejar um instrumento. À tarde é um pouco mais quente. Mas, mesmo assim, não neva porque não chove.

Visitamos uma horta orgânica. Metade das verduras plantadas tinha morrido e as que restavam não eram nem um pouco atrativas.

O solo estava completamente compactado pelo uso do *rotovator* (enxada rotativa) e pela irrigação por inundação. No momento da visita, padecia-se absolutamente de um excesso de umidade. Os canteiros estavam bem limpos e capinados, diziam que era para captar um pouco de calor. Apesar disso, a temperatura do solo era de 3 °C. Quanto mais compactado um solo, melhor condutor de calor ele é. Ele não somente aquece mais, igual à pedra, mas ele também esfria mais rápido. As raízes estavam superficiais, e o cheiro do solo era nojento, de ovo podre. Nunca tinham cheirado o solo e se assustaram.

Fomos a um bloco de canteiros que não era regado havia semanas, e o mato crescia abundantemente. Pedi para abrir o solo. Disseram que não daria, porque devia estar muito duro! Pedi que tentassem. Tentaram e para surpresa de todos o solo estava bem mais solto, agregado e fofo. As raízes entravam até 60 cm, formando uma teia intensa que penetrava todo o solo, e o mais impressionante foi que parecia estar mais quente do que o solo descoberto. Medimos a temperatura e estava em quase 8 °C. Então todas as teorias desabaram. Estava úmido sem irrigação recente, estava bem enraizado sem composto enterrado, estava mais quente com a cobertura densa do solo.

– Então nossa agricultura orgânica está errada? – perguntaram.

Parecia que sim. O que deve orientar o agricultor não são as normas que protegem o consumidor nem a tecnologia que beneficia as indústrias, mas as leis naturais. Por isso se fala de *agroecologia*: o ambiente usado para fins agrícolas, porém não destruído pela agricultura. A matéria orgânica, em clima quente ou em clima frio, sempre deve ficar na superfície do solo, e nunca enterrada. Solo natural *nunca* é desprotegido, mas sempre protegido por uma tripla camada: parte aérea das plantas, serapilheira ou material morto, raízes e, quando não crescer mais nenhuma planta superior, é protegido com musgo, como na região ártica. E a quantidade de água necessária é tanto menor quanto menos vento passar pela paisagem.

Os adeptos da agricultura orgânica se animaram. Então essa produção miserável não era resultado de plantio orgânico, mas do sistema orgânico errado? Da compactação, do excesso de irrigação, do composto enterrado, do *rotovator* que destrói os grumos, do solo desprotegido, exposto ao sol, ao vento, às chuvas quando houver.

E o que havia nos desorientado fora exatamente a agricultura química, na qual se trabalha com solo morto, sem matéria orgânica e sem vida, e não com solo vivo e animado. Temos de reaprender a lidar com a vida.

O VENTO

A ONU diz que neste século ainda teremos de desmatar 200 milhões de hectares para produzir alimentos. Pela estatística mundial, constata-se que sem subsídios cai a produção.

Vejamos como anda a produção mundial:

Estados Unidos, Argentina, Ucrânia e as planícies do Norte da China	São as regiões que mais produzem, mas não se pode mais esperar um aumento da área plantada
Europa Ocidental	De 1991 a 1999, a produção de grãos caiu 20 milhões de toneladas
Leste Europeu	Não tem infraestrutura
Canadá	Chegou ao limite
Austrália	Produziu, nos últimos anos, 13 a 20 toneladas a menos de grãos que em 1991, culpando o clima
Nova Zelândia	Chegou ao limite
Turquia	Está construindo barragens para poder irrigar frutas e verduras

O Brasil, segundo a ONU, poderia desmatar mais 200 milhões de hectares, mas não tem vias de escoamento. Porém, quanto mais terra se desmatar, menor ficará a estação das águas e maior a estação da seca. E, finalmente, as chuvas se acumulam em três meses (com chuvas torrenciais que o solo não consegue absorver e armazenar), o que significa um clima semidesértico. Pode-se plantar durante esses três meses, e durante nove meses falta água até para a população, e o gado morre nos pastos como na região do Kalahari, no sul da África.

Além disso, no Brasil, o vento, por causa de sua intensidade, já baixa substancialmente a produção e baixará mais ainda se mais áreas forem desmatadas. O vento pode levar o equivalente a até 750 mm/ha/ano de chuva, tornando semiáridas áreas com chuva suficiente e provocando o início de desertificação, como no Ceará.

Em pequenas roças (½ ha) dentro da mata amazônica, o milho produz três espigas grandes. Em roças maiores (5,0 ha), ele produz uma espiga pequena, por causa do vento. E os helicópteros com adubadora são a prova de que o vento não é pouco, pois, nos Estados Unidos, de onde eles vêm, normalmente trabalham com hastes de 2 a 3 metros, onde levam a adubadora. No Pará, trabalham com hastes de 0,80 metro, e mesmo assim ainda lutam para não serem derrubados pelo vento.

O problema é que a agricultura, mesmo sendo uma *agricultura de precisão* feita pela agroindústria, na qual adubação, quantidade de sementes e irrigação são determinadas metro a metro por computadores montados nos tratores, ainda depende de fatores naturais como o vento. Certamente, quanto maior a área desmatada, maior a possibilidade de se poder realizar a *agricultura de precisão*, porém, maior também a possibilidade de o vento derrubar todas as previsões, pois reduz a umidade do solo.

Num experimento no meio do cerrado, 10 hectares foram todos derrubados e limpos e inteiramente plantados com eucalipto. Em outra área de 10 hectares, 6 metros sempre foram limpos e plantados com três fileiras de eucalipto, e em 4 metros o cerrado foi deixado de pé. Todos riram dessa experiência. Não havia dúvida de que a área completamente plantada daria mais madeira do que aquela onde somente 60% foram plantados. Até apostaram alto. E quando cinco anos mais tarde o eucalipto foi cortado, os 60% no meio do cerrado, protegidos do vento, deram o *dobro* de madeira que a plantação no limpo.

E o milho plantado na sombra de vento proporcionada por capim-guatemala, sem qualquer adubo nitrogenado, cresceu exuberante, com colmos grossos e duas espigas com cerca de 300 gramas cada, apesar de não ter recebido mais que 100 mm de chuva durante toda a vegetação. O solo conservava sua umidade, e nas folhas tinha fixação de nitrogênio por bactérias de vida livre, como *Azotobacter* e *Beijerinckia*. Quanto mais se modifica o ambiente natural, mais o ser humano é obrigado a assumir o que antes a natureza provia. Portanto: quanto menos vento, mais se produz.

O desmatamento permite o aumento da área plantada, mas dificilmente aumenta a produção.

Tabela 7 – Efeito do vento (brisa de 3,5 m/s) e umidade do solo sobre o crescimento de *Robinia pseudoacacia*

Parâmetros	Umidade do solo (%)					
	80			40		
Vento	sem	com	índice	sem	com	índice
Peso da parte aérea (g)	688	368	53	358	111	33
Peso das raízes (g)	111	69	62	67	23	34
Altura (mm)	258	144	56	156	43	27
N. folhas	15,4	13,8	89	13,0	10,0	77
Distância dos entrenós (mm)	20,0	12,5	62	14,3	5,1	36

Fonte: Satoo, 1948, *apud* Grace, 1977.

Verificou-se que a brisa pode levar até o equivalente a 750 mm de chuva/ano. Isso significa que uma região com 1.300 mm/ano de chuva permanece somente com 550 mm/ano (42% do total), isto é, ela se torna semiárida apesar da quantidade suficiente de precipitações. Em regiões completamente desmatadas, como nas estepes russas, a brisa constante pode levar até 73% da umidade. Na irrigação por aspersão (inclusive com pivô central), evaporam-se de noite até 40% da água aplicada, e em dias ensolarados, até 60%.

PECUARISTAS BURROS OU INTELIGENTES?

El Gran Chaco era sem dúvida uma grande região pastoril e, exatamente ali, os pecuaristas se negavam a fazer o mínimo melhoramento animal. Não queriam trocar seu gado pé-duro por uma raça mais produtiva, não queriam saber de inseminação artificial, não queriam implantar o pastejo rotativo racional tão propagado por Arno Klocker nem queriam adotar forrageiras mais produtivas. O governo se desesperou. Era possível que essa gente fosse tão teimosa ou simplesmente tão preguiçosa? Enquanto a Argentina era um país muito progressista, essa região não quis acompanhar o desenvolvimento geral. Quanta carne se poderia exportar se esses pecuaristas não fossem tão teimosos? Mas nem precisava exportar, pois a região de Tucuman é grande consumidora de carne.

Finalmente, a Universidade de Buenos Aires se interessou pelo caso. Seus professores foram lá, na época do inverno. A região tinha um aspecto semidesértico. As pastagens estavam torradas pela seca, o gado era mantido à base de silagem. Não era possível engordá-lo, mas dava para não deixá-lo morrer. Não era uma região pastoril por excelência, eram terras marginais. A água que entrava nos bebedouros era alcalina. Gado bebe água alcalina? Se não existir outra, é obrigado a tomar água salina, embora abaixo da vegetação de mata a água fosse potável. Porém, quando a mata foi derrubada para dar lugar às pastagens, tudo mudou, especialmente quando começaram com a tão costumeira "roça pelo fogo", e os solos ficaram cada vez mais compactados e impenetráveis.

Quase nenhuma água penetrava, mas, por meio do fogo, arrancava--se a água do subsolo para a superfície, que se salinizava cada vez mais. O único gado que suportava essa situação era o pé-duro mesmo, acostumado a ela durante muitas gerações. Era uma adaptação genética. Seria preciso deixar tudo como estava?

Então começaram com o lento processo de recuperação. Primeiro dessalinizaram os solos, plantando sorgo. Os solos nunca tinham recebido matéria orgânica, que o fogo consumia anualmente. A palha do sorgo transformou os compostos de sódio em carbonato de sódio, e carbonatos são pouco solúveis. Com isso, baixaram radicalmente a salinidade dos solos. Depois constataram que o nível freático estava entre 2 e 3 metros de profundidade. Relativamente alto, mas baixo demais para que o capim pudesse se abastecer com água durante a época seca.

Havia somente uma forrageira que não se importava com um pouco de salinidade e que tinha raízes profundas: a alfafa. O gado não podia se alimentar somente de alfafa fresca. Morreria de timpanismo. Mas, cortada e murcha, servia. E também crescia algum capim-de-rhodes e pasto *llorón* (*Eragrostis curvula*). Parecia inevitável a rotação entre agricultura e pastagens. Cada vez que o solo se tornava salino demais, recebia palha de sorgo para neutralizar o sódio solúvel. Algodão e trigo mourisco baixavam igualmente a salinidade.

Uma vez sabendo como manejar os solos, a vontade de melhorar virou mania. Importaram gado zebu do Brasil, preferencialmente nelore, cruzaram com um pingo de sangue europeu, ficaram fanáticos pela inseminação artificial para melhorar seus rebanhos mais rapidamente. A região formigou de atividade.

Assim, enquanto somente com muito custo mantinham seu gado vivo durante a seca, e não existia outra água a não ser a salina, a única maneira de sobreviver era deixar tudo como estava, porque o gado nativo já estava adaptado. Vivia-se mal, mas se vivia. Porém, quando descobriram que o pior que poderia acontecer com seus solos era o fogo, e que era necessária matéria orgânica para manter os solos permeáveis, e quando descobriram que a alfafa procurava a água lá embaixo durante a seca, e que havia vários capins que também suportavam solos salinos, valeu a pena investir em desenvolvimento.

E, dessa forma, o governo descobriu que os pecuaristas da região não eram burros nem preguiçosos, mas muito inteligentes, porque faziam o que era o melhor na situação em que se encontravam. Com uma raça melhor, teriam fracassado. Pastejo rotativo não teria adiantado enquanto não houvesse forragem durante a estação seca, e forrageiras que não suportavam a salinidade teriam levado a já frágil atividade pecuária ao colapso total. Pouco capacitados eram os extensionistas, que queriam implantar técnicas inadequadas para a situação, e que somente sabiam suas receitas e eram incapazes de reconhecer as causas dos problemas existentes.

O FOGO

As queimadas são uma particularidade brasileira, embora praticada no mundo todo. Quando um dia viajei de Lima para Manaus, de repente, o piloto informou: "Senhores passageiros, olhem para baixo. Onde começam as queimadas começa o Brasil".

Fazem muita pesquisa sobre o fogo. Uns dizem que é prejudicial, outros dizem que não tem nenhuma influência nociva. Não aquece o solo, não queima a matéria orgânica, não mata a microvida do solo, quando bem feito. Uma queimada é bem-feita quando o solo ainda está úmido, mas a vegetação já foi seca pelo vento. Mas, às vezes, o fogo escapa a todo controle porque um vento não previsto se levantou. E chega a queimar as fazendas vizinhas que não pretendiam roçar com fogo, atinge as reservas naturais, queima florestas, como aconteceu em Roraima há alguns anos. Contra um fogo violento, só adianta um "contrafogo". É preciso sacrificar mais alguma área, fazer um aceiro e queimar esta faixa para que, quando o fogo principal vier, não encontre mais nenhum material combustível a não ser cinzas.

Também pesquisamos o fogo. Por oito anos seguidos queimamos um pasto, e ao lado deixamos outro pasto sem queimar, somente pastado com lotação certa e limpo pela foice. E o resultado foi que na área queimada havia o dobro e até o triplo de cálcio, magnésio e potássio.

De certo uma vantagem, e até uma vantagem grande. Mas a quantidade de forragem era somente 25% daquela da área não queimada e, o pior, todas as forrageiras boas tinham desaparecido, especialmente as estoloníferas que cobriam o solo. São essas que soltam estolões que formam raízes nos entrenós, como o gramão (grama-forquilha ou grama-batatais), e as decumbentes, que deitam seus colmos e formam raízes nos entrenós, como a braquiária, a grama-estrela e semelhantes.

As que restaram eram capins grosseiros, cespitosos como barba-de-bode, cabelo-de-porco, capim-cabeludo e semelhantes, formando tufos onde conseguiam proteger seus pontos vegetativos contra o calor do fogo. Mas apareceram igualmente muitas invasoras. Era uma vegetação pobre e grosseira, que os estadunidenses chamam *fire-born*, nascida do fogo. Não tinha mais semelhança com o pasto que ocorria anteriormente. E o pior, o solo estava compacto e impermeável, e a água da chuva escorria, causando erosão, o que não ocorria no pasto não queimado.

O que o fogo havia feito?

Ficou bem claro que o prejuízo causado pelo fogo não é queimar o humo e as bactérias por aquecer o solo. O grande prejuízo é o *não retorno da matéria orgânica e a exposição do solo limpo, queimado, ao impacto das chuvas e ao sol quente*.

A matéria orgânica é o alimento da vida do solo. *Nenhum* ser do solo consegue viver de cinza, que é constituída exclusivamente de minerais. Com bactérias e fungos *mortos pela fome*, o solo não se agrega mais e perde sua estrutura macroporosa, por onde deveria entrar ar e água. E as chuvas golpeiam o solo queimado, isento de vegetação, destruindo ainda os últimos poros e compactando-o. Certamente o fogo provoca uma rebrota antecipada, mas que não é capaz de cobrir o solo até as próximas chuvas. E o gado faminto ainda rapa a vegetação nova. As consequências do fogo são nefastas. Numa visão afunilada, compartimentada, não se enxerga seu efeito; numa visão um pouco mais ampla, chega a ser assustador.

Os índios também queimavam suas roças. Mas somente uma única vez. Depois de plantar durante um ano, abandonavam o campo, e a vegetação nativa voltava, recuperando o solo. Por isso eram nômades. Não porque gostassem de migrar, mas para não destruir os solos e a mata. Não sabiam ler e escrever, eram analfabetos assim como os "descobridores" do Brasil, mas tinham uma profunda ligação com a natureza, sabiam observar e, antes de tudo, respeitar. E sabiam que, se destruíssem os solos, destruiriam sua base de vida e se autoexterminariam.

TECNOLOGIA MODERNA SEMPRE É TECNOLOGIA BOA?

Era no norte de Minas Gerais, num afluente do Rio São Francisco, onde tinham assentado os agricultores deslocados pela represa Três Marias. Estava tudo perfeito. O governo fornecia casa de alvenaria, luz e água encanada, os campos eram bons e as adutoras muito bem-feitas traziam a água do rio para a irrigação dos campos, porque naquele clima quente, com 500 mm/ano de chuva, não se podia fazer muita coisa. Receberam tratores e máquinas a créditos baratos por dez anos. Era um luxo.

Extensionistas atendiam os agricultores, ensinando toda a tecnologia moderna com adubos, herbicidas, calendário de uso de defensivos e irrigação. Talvez a irrigação não estivesse perfeita, porque aplicavam água, mas não a drenavam nem lavavam os solos de vez em quando, o que teria sido necessário para evitar a salinização. Mas, por enquanto, ainda não tinha chegado a salinizar os solos. Uma cooperativa cuidava das compras e vendas. Estava tudo perfeito.

Mas os agricultores não estavam felizes. Inicialmente colheram muito bem. Até 4,5 a 5 toneladas de feijão e 9 toneladas de milho por hectare. Era uma fartura incrível. Mas depois as colheitas baixaram, apareceram sempre mais invasoras, que os herbicidas não conseguiam controlar. E a seguir os cultivos cresciam sempre menos nesses campos, até que a terra ficou estéril, quase sem vegetação nenhuma. Culparam os agricultores e a burrice deles. Não eram capazes de lidar com uma tecnologia tão avançada. E os agricultores desconfiavam dos agrônomos e da cooperativa. Quando a cooperativa os convidava para uma reunião, os agricultores não apareciam mais. Para quê? Também não sabiam a solução. E os primeiros agricultores já começavam a partir. Iam embora, abandonando casa e campos, adutoras e sistemas de irrigação, porque não dava mais. A situação ficou crítica.

Perguntaram a técnicos e especialistas, perguntaram a professores e cientistas, mas não perguntaram ao solo, que teria sido o único capaz de dar a resposta certa.

O que havia acontecido? Os solos estavam inteiramente compactados. Tinham sido arados profundamente segundo o sistema "o trator puxa", e as colheitas pareciam responder favoravelmente a essa aração profunda, que mobilizava toda a matéria orgânica que se tinha acumulado durante muitos anos. Mas, ao mesmo tempo, tinham virado muita terra morta para a superfície, a qual não resistia à irrigação, não era estável. E nenhuma matéria orgânica voltava mais aos solos. Para quê? Havia NPK para adubar. E os herbicidas evitavam que algum mato nativo brotasse. Os solos "hortados", nivelados por várias gradeações, estavam rigorosamente limpos. Era uma beleza de se ver.

O problema foi que os solos não aguentaram. Decaíram, ficaram adensados, impermeabilizados, e a irrigação umedecia uma camada superficial cada vez menos espessa. As raízes permaneciam na camada mais superficial, que era úmida, e ficavam "viciadas" em irrigação. Um dia sem irrigação e as culturas murchavam. Por quê? Porque só tinham raízes superficiais. Abaixo, a terra estava dura e seca. Sem microvida, os herbicidas não se decompunham mais. Eles se acumulavam, prejudicando não somente as ervas nativas, o mato, mas também as culturas.

E agora?

Era preciso eliminar os herbicidas dos solos e isso, sem matéria orgânica, não aconteceria nunca. Nenhuma agricultura química funciona sem matéria orgânica. Alegavam que nos Estados Unidos funcionava. Mas se esqueceram de que lá pagavam aos agricultores para que não plantassem em suas terras durante três anos. E nesses três anos os solos se recuperavam abaixo de uma densa camada vegetal e quando, finalmente, eram cultivados de novo, recebiam toda essa matéria orgânica. E como em clima temperado a vida do solo é dez vezes menos intensa que nos trópicos, era possível atender às necessidades de alguns anos sob cultivo.

Sem vida o solo decai e se adensa. Em solo decaído não entra ar e entra pouca água. Os herbicidas são degradados enquanto houver bactérias que os decomponham. Sem bactérias eles se acumulam.

Compreenderam que nenhuma tecnologia é boa quando os solos não são conservados vivos? Solo não é uma máquina que produz colheitas quando se colocam adubos, sementes e água. O solo é um ser vivo com regras e leis que precisam ser respeitadas. Ele vive das plantas e as plantas vivem dele. A matéria orgânica, ou seja, os produtos que as bactérias produzem quando decompõem a matéria orgânica, que é seu alimento, o torna permeável. E Louis Bromfield, um estadunidense famoso, disse em seu livro, *Malabar Farm*: "Se nosso gado no solo (os microrganismos) estiver faminto, também nosso gado (os bois) acima do solo estará faminto, e o agricultor viverá na miséria".

O QUE É ORGÂNICO?

Existe a curiosa ideia de que a produção é orgânica quando se trocam produtos químicos por orgânicos: NPK por composto, superfosfatos hidrossolúveis por fosfatos naturais, organofosforados por calda sulfocálcica, fungicidas por calda bordalesa ou caldo de fumo, e assim por diante. O resto permanece igual: o enfoque, o descuido com o solo, a irrigação, tudo.

Por outro lado, se produz o composto a partir de material que, às vezes, em grande parte, vem de lavouras convencionais, com todos os resíduos tóxicos; de granjas convencionais, com todos os anabolizantes e promotores de crescimento; do lixo urbano orgânico, que é 100% de cultivos convencionais e, ainda por cima, enriquecidos por lixo industrial que fornece metais pesados. Não se sabe o que exatamente é orgânico neste tipo de composto, a não ser o fato de que não é um sal mineral. É material vegetal. Mas, se a ideia é escaparem de todos os aditivos das culturas convencionais, certamente não escapam. Irrigam com água clarificada, depois de receber o esgoto urbano. Retiram os componentes sólidos, mas não conseguem retirar hormônios, enzimas, dioxinas, micróbios nocivos à saúde e outros.

E a desculpa sempre é: "Nossa propriedade não consegue produzir toda a matéria orgânica necessária". Compram fora, às vezes, transportam-na por centenas de quilômetros e se orgulham de praticar "agricultura orgânica", porque está tudo dentro das normas. Pode ser que para fins comerciais seja o suficiente, mas para a manutenção do solo vivo não é.

Estima-se que 95% dos agricultores orgânicos possuam solos decaídos, em péssimo estado, somente uma coleção de torrões de diversos tamanhos. Os produtos são menores que os convencionais, às vezes, mais duros, também insípidos, mas sobre eles não foram aplicados defensivos químicos. Produziram sem aplicar veneno, embora ninguém possa garantir que não contenham agrotóxicos que vieram junto com o composto e com a água de irrigação ou pelo ar, ou com a água da chuva.

O que, então, é orgânico?

Para produzir de maneira orgânica em base ecológica, é preciso mudar primeiro o enfoque. Não se trabalha despreocupadamente e depois se combatem os sintomas. Para se obter produto orgânico é preciso manejar as causas, e nunca produzir os mesmos sintomas que na agricultura convencional, e depois combatê-los com métodos diferentes. Se há pragas, não adianta aplicar caldas diferentes. É preciso se perguntar: o que está errado? O solo e sua agregação? A maneira de aplicação do composto ou de matéria orgânica? A proteção do solo? A nutrição das plantas? O sistema radicular? A irrigação?

1. Se o solo não estiver agregado na superfície, pode ser: i) por causa da matéria orgânica, sua quantidade e qualidade (palha de soja agrega muito menos que palha de gramínea, como de trigo ou de milho ou de braquiária); ii) consequência de seu lugar de aplicação; matéria orgânica enterrada não agrega a superfície, somente produz gases tóxicos, dos quais as raízes fogem, ficando superficiais; iii) resultado de uma aração profunda, por exemplo, para enterrar calcário, e na qual se trouxe muita terra subsuperficial, instável à ação da água, para a superfície do solo;

2. a cobertura do solo tem de ser suficiente para evitar seu aquecimento. Pode ser feita com *mulch* (cobertura morta, de restos vegetais), um plantio mais adensado, consorciação de culturas e até uma lona plástica. De qualquer maneira o solo não pode chegar a uma temperatura acima de 32 °C;
3. se há pragas e doenças, é sinal de que a vida do solo é uniforme. Falta a diversificação, que não ocorre em monoculturas, e as plantas estarão mal nutridas; a biodiversidade da vida do solo se consegue somente em policultivos ou, de maneira simplificada, com rotação de cultivos sinergéticos. Se existe alelopatia (aversão), as colheitas baixam drasticamente, como na rotação feijão x cebola;
4. as plantas podem estar nutridas de forma desequilibrada. Por exemplo, receberam um composto muito rico em nitrogênio, mas falta cobre. Então aparecem pulgões. Ou, quando se usou um material muito rico em potássio, como torta de mamona, capim-napier e outras, vai faltar boro. Então aparece míldio. Quanto ao equilíbrio: i) cada nutriente deve estar em proporção fixa com outros nutrientes; mesmo na agricultura orgânica é possível produzir desequilíbrios; ii) as variedades não estão adaptadas ao solo, mas foram criadas para outras condições, de modo que o composto utilizado não satisfaz suas exigências; neste caso, devem-se adicionar os nutrientes deficientes;
5. o sistema radicular pode estar muito superficial, existindo várias razões para isso: i) há uma laje dura em pouca profundidade, geralmente por causa da exposição da superfície do solo à chuva, e de uma soleira de arado ou grade ou enxada rotativa, limitando o espaço radicular; ii) enterrou-se o composto ou simplesmente matéria orgânica, e as raízes fogem dos gases tóxicos que estes produzem em sua decomposição anaeróbia; iii) ocorre uma irrigação excessiva, e as raízes procuram por oxigênio (elas também são os "pulmões" das plantas);

isso ocorre geralmente quando há falta de cálcio, e as raízes engrossam, ou quando durante seis a sete anos seguidos se usaram herbicidas sistêmicos, com efeito hormonal, como o 2,4-D; neste caso, as raízes também engrossam; iv) falta boro, e a planta nutre as raízes insuficientemente, de modo que elas permanecem pequenas;

6. a irrigação é insuficiente ou excessiva: i) normalmente a irrigação é calibrada para 7 a 10 mm/dia; boa parte da água aspergida se evapora no ar (aumenta com brisas e ventos); em dias quentes e ensolarados, a perda pode ser de até 60%, ou seja, a água só umedece a camada mais superficial; o solo abaixo permanece seco, as raízes crescem apenas na camada úmida e, portanto, "se viciam" em irrigação; ii) quando a irrigação é excessiva, que pode ocorrer numa irrigação de gotejamento que está sempre ligada, ou quando os aspersores funcionam direto, dia e noite, o solo se encharca, e as raízes procuram oxigênio em contato com o ar, na superfície; iii) se houver água salina, as culturas simplesmente não se desenvolvem.

Somente quando os solos estiverem em bom estado e grau de agregação, e a nutrição vegetal estiver equilibrada, e mesmo assim ocorrer uma praga ou doença, pode-se aplicar um defensivo orgânico. Defensivos na agricultura orgânica não podem ser a regra, mas apenas a exceção. Por isso, não se aplicam as caldas regularmente, exceto no caso em que tudo der errado. E deve ser uma exceção.

Lembrar sempre: o que se chama de pragas e doenças é simplesmente a "polícia sanitária" da natureza em nosso globo, que vem para eliminar o que não presta para garantir a continuação de uma vida sadia. E, para a vida não degenerar, tudo o que for fraco deve ser eliminado.

Por isso, uma sabedoria védica diz: "Se pragas invadem seu campo, elas vêm como mensageiros do céu, para avisá-lo de que *seu solo* está doente".

Portanto, agricultura orgânica legítima, de base ecológica, tem de sanar primeiro os solos. E de solos sadios colhem-se alimentos de *alto valor biológico* e que nutrem bem as pessoas e mantêm sua saúde. Plantas, mesmo limpas de parasitas (tanto faz se forem insetos ou microrganismos) por defensivos químicos ou orgânicos, ou por inimigos naturais, continuam doentes, fornecendo somente um produto de baixo valor biológico, que não mantém a saúde humana. Portanto, orgânico não quer dizer omissão de produtos químicos, mas o saneamento total das condições naturais, a começar pelo *SOLO*.

O *CUELLO DE BOTELLA* (PONTO DE ESTRANGULAMENTO)

Santa Catarina é um estado progressista, apesar de ser governado a partir de uma ilha em frente à costa atlântica. A paisagem bastante acidentada abriga muito mais pequenos agricultores do que grandes empresários agrícolas. E o assentamento de "sem-terras" se faz em equivalências, quer dizer, determina-se o preço da terra e dos créditos que, por exemplo, equivalem a 150 sacos de milho, pagável em dez anos, mais 3% de juros. Então o agricultor sabe que tem de pagar 15 sacos de milho por ano mais os juros, também transformados em milho. Assim não ocorre que depois de pagar metade da dívida ele ainda deva o dobro. O agricultor pode planejar seu pagamento. É o estado com menos analfabetismo e menos mortalidade infantil e com muita prosperidade.

Mas, no meio de todo progresso, havia uma região com pequenos agricultores que não participavam de nada. Trabalhavam segundo métodos arcaicos, produziam pouco, e quase todos os filhos já tinham ido embora, porque não queriam viver na miséria. Mandaram extensionistas para lá, mas o pessoal fingia não entender o que diziam. Simplesmente não consideravam sua presença. Não queriam melhorar o cultivo do milho nem a criação de porcos, nem a produção de leite, de nozes ou de erva-mate. Colhiam somente o que necessitavam e vendiam muito pouco. Ninguém podia entender por quê.

Se tivesse havido um extensionista que não soubesse "vender" somente suas receitas, mas que tivesse conseguido examinar os problemas, teria descoberto o motivo. E vale aqui, como em toda a América Latina: não são necessários capacitadores, porque o agricultor não é burro, mesmo se for pobre, mas sim, bons técnicos, que saibam descobrir o ponto de estrangulamento dos sistemas de produção.

Os agricultores eram pequenos demais para produzir muito. O que poderiam vender era um porquinho por ano, um cestinho de nozes-pecã, um balaio de tungue que nenhuma esmagadora iria buscar, 4 a 5 litros de leite por dia. Era muito pouco. E na região não havia ninguém que quisesse comprar esses produtos, porque produziam o mesmo. Levar o produto à cidade, a 120 km de distância, não valia a pena, porque o transporte era mais caro que o valor que poderiam receber pela venda. Então gastavam o que produziam e praticamente não vendiam nada. Se tivessem melhorado sua produção, teriam dois porcos que não daria para vender, dois cestos de nozes que sobrariam, dez litros de leite que não teriam onde colocar. Para quê? Pegar créditos, gastar mais e trabalhar mais para ter maior prejuízo? Nem valia a pena explicar isso para o agrônomo do governo que não queria conversar, nem discutir, porém, queria mandar.

Mas o que ele entendia da situação dos produtores? Ele só sabia que milho híbrido daria mais do que as velhas variedades, e a colheita aumentaria se plantassem em linhas de 80 cm de distância e com cinco pés por metro corrido, com adubo químico. E contra as doenças que poderiam aparecer existiam defensivos. Criticava o sistema deles de plantar com 1 x 1 metro de distância, dizendo que era arcaico. Talvez fosse, mas ainda se podia consorciar com feijão, abóbora e mandioca e nunca havia doença nenhuma. E o milho que colhiam era o suficiente para seus porcos e galinhas e a polenta que comiam. Além disso, o solo permanecia fofo e podia ser plantado ano após ano sem problema.

Só um ou outro agricultor se preocupava. Ficavam velhos, sozinhos, sem os filhos, que migravam para outras bandas, e como iriam produzir seu alimento dali a alguns anos, quando não tivessem mais força?

Reunimos os agricultores durante uma noite, duas noites, e discutimos sua situação, que não era nada invejável. "Vocês têm uma única saída, cooperar. Se todos venderem seu porco no mesmo dia, o frigorífico virá buscá-los. Se arrendarem um caminhão e todos carregarem suas nozes, poderiam vendê-las em Curitiba ou São Paulo. Se comprarem vasilhas de 50 litros e juntarem seu leite, uma fábrica instalaria uma 'linha' e viria buscá-lo, ou melhor, vocês poderiam instalar seu próprio laticínio." Sozinhos estavam perdidos, reunidos teriam força para muitas coisas.

Porém começaram a mostrar que era impossível. Quem iria coordenar tudo? Este era um ladrão e aquele um cafajeste, um terceiro era somente um fanfarrão e um quarto era desonesto; enfim, ninguém confiava em ninguém. Todos desconfiavam de todos.

E por que não deixavam a coordenação por conta do agrônomo da Secretaria? As acusações continuaram. Já eram 4 horas da madrugada, eu me levantei e disse: "Bem, vocês que sabem. Ou tentam confiar uns nos outros e se cooperam para compra e venda ou vocês morrem na maior miséria, abandonados pelos filhos, pelo governo, por Deus e até pelo diabo". Fui embora. Passaram-se dois anos sem que eu ouvisse mais nada desse povoado. Depois, de repente, apareceram três agricultores, radiantes e me abraçaram. "Agora vai", disseram-me. Cooperaram-se, fundaram um laticínio e descobriram que podiam vender tudo. Começaram a melhorar sua produção, eram ávidos por novas técnicas e por novos conhecimentos. O dinheiro entrava e os filhos voltaram. Tinham agora três agrônomos que os atendiam, e era pouco ainda, tão grande era o interesse de melhorar e modernizar, selecionar as raças, melhorar suas variedades, enfim, de produzir. E as resoluções eram sábias. Não optaram por milho híbrido, porque seus solos eram ácidos demais, mas optaram pelo melhoramento de suas variedades, que não necessitavam de correção do solo.

Não introduziram outras raças de gado leiteiro, porque as forrageiras eram somente aquelas que toleram acidez e frio, como a grama-missioneira, e que iam bem em seus solos. Outras forrageiras teriam exigido elevadas quantidades de calcário e adubos químicos, e o gado ainda não teria o que necessitava e haveria muitos problemas e doenças. Optaram pela seleção e melhoramento genético de seu gado e introduziram uma raça melhor de porcos. Abandonaram o tungue e aumentaram as nozes e o mate. E, de repente, a região mais atrasada do estado tornou-se a mais progressista, porque se eliminou o "gargalo da garrafa", o problema que freava o progresso.

COMO "MULTIPLICAR" A ÁGUA

Era um assentamento nos Andes. Fazia jus ao nome da cordilheira, porque *andenes* era a palavra que os incas usavam para os terraços, e os agricultores, quase todos indígenas, também plantavam em terraços para superar o declive íngreme demais. Mas o grande problema deles era que a antiga fazenda somente tinha água para 40% da área, o resto era floresta ou pastagens onde mantinham alpacas, que também sobreviviam com capim seco, mas com o qual as vacas não conseguiam sobreviver. E cada família tinha sua vaca leiteira, embora as lhamas também teriam fornecido leite e teriam sido muito mais práticas. Agora, repartida entre pequenos agricultores, a briga pela água infernizava o assentamento. Todos necessitavam irrigar toda a sua área, porque a chuva nunca passava de 300 mm/ano e, geralmente, era menos. Alguns foram embora. O restante brigava pela água, um era inimigo do outro. Parecia que não havia solução.

O vento levava boa parte da pouca água, as raízes das plantas eram bem desenvolvidas, mas, mesmo assim, as plantas eram pobres. Matéria orgânica não faltava, porque nessas altitudes sua decomposição era lenta. Mas não existia em forma de humo, e sim especialmente na forma de turfa, e os solos eram extremamente ácidos. Inventaram de plantar bananeiras e milho, porque os capacitadores que os assistiam acharam que dariam mais lucro do que os cultivos da região, que eram batatinhas e o amaranto gigante (*Amaranthus caudatus*) que fornecia o alimento popular, o *kiwicha*. Porém, não se esqueceram somente da água, mas também do fato de que os agricultores, gerando produtos para venda, como bananas e milho, teriam de comprar sua alimentação e talvez gastar mais do que ganhariam.

Não havia dúvida de que renques quebra-vento eram indispensáveis. Poderiam ser de leucena, de algum capim alto, como napier, ou até de alguma cactácea que dá frutas comestíveis, como a tuna (*Opuntia ficus-indica*). E o solo tinha de ficar coberto. Debaixo das bananeiras não era tão difícil, porque cada vez que se cortava um pé tinha palha. Mas quando colhiam os cachos, não cortavam os pés, deixando-os "como reserva de água". Porém, após algum tempo essa "reserva" rebrotava e chupava ainda a pouca água que havia no solo. Então deveria ser o momento de cortá-la definitivamente. Constatamos que onde o solo estava coberto com palha ele estava úmido. Onde era mantido no limpo, estava seco e já precisava urgentemente ser irrigado. Além disso, é bom relembrar que plantas bem nutridas gastam menos água.

Fizeram composto de esterco de gado e restos orgânicos, especialmente galhos de leucena, de modo que era rico demais em nitrogênio, e as doenças fúngicas proliferavam. Faltava cobre. Para cada metro cúbico de composto acrescentamos 250 gramas de sulfato de cobre, que resolveu o problema. Mas faltava igualmente potássio. Tiveram de complementar com no mínimo um quarto de sua matéria orgânica na forma de napier, para corrigir essa deficiência. O restante do napier foi para enriquecer a ração do gado, que continha leguminosas demais e causava timpanismo.

Com vento controlado, plantas mais bem nutridas e solo coberto, a quantidade de água necessária baixou consideravelmente e, após a introdução de um campo de amaranto, que não necessitava de muita água, a quantidade existente dava para todos.

O que prejudicava esse assentamento era justamente a introdução de cultivos exigentes em água e de gado bovino que necessitava de pasto verde. Com amaranto, batatinhas e lhamas, nunca teria aparecido problema algum. E, como eram somente propriedades familiares, que apenas sustentavam a família, e o único produto de venda era capim para os cuys (*Cavia porcellus* – porquinho-da-índia peruano ou cobaias), que todos os pobres mantêm como fonte de carne, a vida teria sido mais fácil.

CABRAS, UMA BÊNÇÃO OU PERDIÇÃO?

A "cabritização" do Nordeste é um fato. A cabra é a vaca do homem pobre. É menos exigente e dá leite ainda mais rico e até medicinal. O governo distribui cabras para os pobres e tem a impressão de que os salvou da miséria.

Em todas as regiões pobres e semidesérticas no mundo, as cabras servem para o sustento da população. E parece que este era um costume desde os tempos bíblicos, quando as cabras já existiam em enormes rebanhos, porque não necessitam de pastagens, mas se contentam com qualquer alimento, até com arbustos espinhentos como a jurema.

Quando são amarradas e conseguem pastar somente uma área controlada, a vantagem é óbvia. Mas quando andam soltas, abastecendo-se onde bem entenderem, a imagem é outra.

Vamos examinar alguns exemplos.

A rainha Vitória, da Inglaterra, fez várias tentativas para reflorestar o monte Líbano, que na Bíblia consta como famoso por suas florestas de cedros "de Deus". Mas foi tudo em vão. Não cresciam mais cedros e as mudas nunca se desenvolviam, sumiam. Ninguém sabia dizer o motivo. Finalmente, viu-se que muitas cabras andavam por ali, roendo com o maior prazer tudo o que tinha casca, porque as cascas são a parte mais rica em cobalto, e cabras têm uma necessidade muito grande deste elemento. Também veados e até vacas roem cascas de árvores quando estão deficientes em cobalto. A rainha mandou construir uma muralha alta de pedras impedindo o acesso de cabras ao monte Líbano. E então a floresta cresceu e o monte começou a se assemelhar ao que existia nos tempos bíblicos. A suplementação das cabras com cobalto também reduz sua fúria em roer cascas de árvores.

Por outro lado, na ilha de Las Palmas (Canárias), que era famosa por suas palmeiras exuberantes, não existe atualmente mais nenhuma a não ser a do pátio do quartel, onde as cabras não conseguem entrar.

O exemplo mais famoso é o da serra do Kras ou Karst, entre o norte da Iugoslávia (atual Eslovênia) e a Itália. Derrubaram a mata de abetos por causa da madeira apreciada, e nunca mais conseguiram reflorestar esta serra. Acreditavam que a causa fosse o vento forte que a varria, e as chuvas que lavavam o solo e o levavam embora. E, como resistiu durante mais de cem anos ao reflorestamento, tomou-se o Karst como exemplo de um "desmatamento irreversível", e a palavra "karstificação" entrou no dicionário com tal significado.

O governo até considerou levar terra para as rochas da serra, para criar condições melhores de reflorestamento, o que, porém, sempre esbarrou no custo exorbitante. Os anos se passaram, veio a guerra hitlerista e a oposição violenta dos iugoslavos, que se centrava no partido comunista ou, mais exatamente, nos guerrilheiros de Josip Bros, cujo nome de guerra era Tito. Anos e anos os guerrilheiros viveram no mato, tendo muito tempo para conhecer as menores particularidades da região. E quando Tito assumiu o governo iugoslavo, proibiu o pastejo de cabras na serra do Karst e, sem plantar nenhuma árvore, ela se cobriu sozinha com uma belíssima floresta. A culpa da "karstificação" eram as cabras.

Se hoje no Nordeste estuda-se o problema da desertificação, especialmente nos estados do Ceará e do Rio Grande do Norte, a culpa por certo está no desmatamento, que permitiu a entrada de um vento permanente. Mas a culpa também está com as cabras mantidas soltas e que impedem o crescimento de qualquer árvore. E, sem árvores, o vento seca cada vez mais a paisagem e aumenta a desertificação e a pobreza.

Para acabar com a desertificação e a pobreza só existe um caminho: ou proibir a caminhada livre das cabras e mantê-las amarradas com uma corda que permita o pastejo de uma área restrita, ou proibir as cabras por alguns anos e distribuir cestas básicas aos pobres para que eles se mantenham, enquanto a paisagem se recupera. E, se for permitido novo acesso das cabras à área, deve-se distribuir sal com cobalto, para evitar que roam novamente as cascas das árvores, trazendo de volta a desertificação.

O SOLO É QUE TORNA A FORRAGEIRA BENÉFICA OU PERNICIOSA

Existia um haras no oeste de São Paulo quase todo com terra roxa estruturada, plantada com capim-estrela, ou seja, estrela africana. E os cavalos se desenvolviam maravilhosamente bem. Eram saudáveis, bonitos e fogosos, justamente o que se esperava de cavalos de raça com cruza de sangue árabe. E, como ocorre sempre, mesmo na maior crise, não faltam ricos. E os cavalos tinham uma procura enorme. Resolveram então instalar outro haras no Mato Grosso do Sul, perto da fronteira com o Paraguai. Não acharam mais terra roxa estruturada, mas uma areia razoavelmente rica. Formaram também todo o haras com capim-estrela, que se desenvolveu muito bem, também sem adubo nenhum, e lotaram o lugar de cavalos. Parecia que estava dando tudo certo.

Mas, a partir da primeira cria, vários potros apresentavam uma manqueira esquisita. Não conseguiam se firmar nas patas traseiras e, em lugar de andar na ponta dos pés, andavam apoiados sobre todo o membro posterior. Na segunda cria foi pior ainda. Até 15% dos potros apresentaram o problema, que foi identificado como sendo o que os americanos chamam de *slipped tendon*, ou seja, tendão deslocado. E mesmo mandando outras éguas saudáveis de São Paulo para o Mato Grosso, logo aparecia o problema também nos novos potros. Era o mesmo capim, os mesmos cavalos, e ainda assim era diferente. Os solos eram incapazes de manter o capim-estrela nutritivo. Alguma coisa faltava. Ou será que os solos eram incapazes de manter cavalos?

Colocamos as éguas em pastos nativos. Todos foram contra, porque não tinham a vegetação bonita e limpa como os de estrela. Eram muito inçados (com invasoras) e sujos, pecando contra toda a estética. Como se poderia por cavalos de raça em pastos que, além de terem pouco capim, eram tão horríveis?

Mas os cavalos se deram muito bem com esses pastos sujos e, melhor ainda, nenhum potro ficou com tendão deslocado. Todos estavam perfeitamente sadios. Quer dizer, os solos não eram ruins para cavalos, mas não eram o suficientemente bons para o capim-estrela, que precisava de solos melhores. Então a solução seria arrancar todo o capim-estrela e plantar outro capim? Não, mas diversificar mais os potreiros. Se cada potreiro apresentar um capim diferente, não existe perigo de uma deficiência mineral dominar. Cada espécie vegetal absorve minerais de maneira diferente: o que falta para uma espécie não necessariamente falta para outra, com diferente potencial de absorção. Em pastagens mistas, o animal pode procurar o que necessita. Não é somente o solo que pode ser pobre, mas também as forrageiras podem não estar em condições de retirar dele o que necessitam.

Quanto mais espécies diferentes uma pastagem contiver, menor é o perigo de que algum elemento falte na dieta animal, embora sempre deva ser considerado que na América Latina não existem animais maiores do que a anta (até 300 kg de peso), o guanaco e a lhama (até 120 kg de peso), um tipo de minicamelo. Portanto, a vegetação existente é deficiente e a forrageira importada, geralmente da África, é bem capaz de não encontrar tudo de que necessita. Solo e planta têm de combinar para resultar em animais sadios.

PLANTAS SE COMUNICAM, PLANTAS FALAM (INDICADORAS)

As pessoas pisam no solo, até o consideram sujo e nojento. Quando entram em casa, limpam seus sapatos. Que sujeira! Por isso asfaltam as ruas e as estradas onde pisam. Não querem nada que tenha a ver com o solo, sua lama, sua poeira. Mesmo assim, é do solo que depende sua saúde e bem-estar, ou sua doença. Quando as empresas farmacêuticas aumentam os preços dos remédios muito acima da inflação é porque sabem em que estado lamentável se encontram os solos, e que na medida em que ele decai aumentam as doenças. E, apesar dos preços absurdos, os remédios são vendidos em escala sempre maior, porque ninguém cuida dos solos.

Também pisam, sem consideração alguma, em plantas, até forram seus campos de futebol com capim. Acham que plantas só servem para forrar o solo. Plantas existem para serem pisadas, para fornecer nossos alimentos ou enfeitar nossas casas. Não se podem mover do lugar, não gritam quando são cortadas, não falam nem hostilizam ninguém. São mansas como cordeiros que se levam ao matadouro. Quantas vezes são invasoras indesejadas em hortas e campos! São invasoras em nossas plantações, *malezas,* dizem os espanhóis, plantas más que devem ser eliminadas com capinas ou herbicidas. Mas será que são tão más? Será que somente existem para nos incomodar?

A natureza tem regras, regras muito rígidas, tanto faz se nós as conhecemos ou não. Falamos da biodiversidade, a qual se acredita que só exista para explorarmos sua riqueza genética, e que não pertença ao mundo, mas aos que a exploram e a patenteiam. Que pode ser eliminada para se poder plantar, especialmente, soja e cana-de-açúcar ou espécies cujas sementes consideradas economicamente importantes, possam ser estocadas em bancos de sementes.

Porém, quando se deixa de pensar em fatores, e se pensa em ciclos e sistemas, descobre-se que a biodiversidade existe para conservar o solo no auge de sua capacidade produtiva, e que as plantas invasoras ou inços, como nós as chamamos, existem somente para eliminar desequilíbrios e estragos causados no solo. Sem solo não há vida. E a vida será como estiver o solo: *solo sadio – planta sadia – ser humano sadio,* e se o solo estiver estragado, decaído, compactado, exausto ou morto, vale dizer: solo doente – planta doente – (animal doente) ser humano doente. Não existe vida sadia sobre solo doente.

Pelas plantas nativas que aparecem, descobre-se o que está acontecendo. Todas as plantas invasoras são plantas indicadoras. Quem sabe decifrar a mensagem das plantas sabe o que ocorre com o solo. Vão dizer que é pura fantasia e poesia. Mas não é. O que se faz com um campo onde não se consegue produzir mais nada, apesar de toda a quantidade de NPK e defensivos? Abandona-se este campo e, em 8, 15 ou 20 anos, o solo está outra vez "novinho em folha", recuperado pelas plantas que, em campos de cultura, são chamadas invasoras.

Portanto, plantas invasoras são plantas *indicadoras* e ao mesmo tempo *plantas sanadoras,* tentando recuperar o solo que foi estragado pelo manejo agrícola inadequado. Dizem que qualquer agricultura *tem* de estragar o ecossistema natural. Mas pode estragar pouco ou muito, pode trabalhar dentro das leis naturais ou, desconsiderando-as, simplesmente ter um lucro maior por alguns anos e, depois, descartar o solo como um bagaço. É uma agricultura sem resiliência, insustentável, que estraga solos, água, clima e atmosfera.

A natureza sempre procura manter um máximo de seres vivos por unidade de área. E a biodiversidade de plantas garante a biodiversidade de insetos e de micróbios.

Plantas que indicam condições químicas

1. Amendoim-bravo ou leiteirinha (*Euphorbia heterophylla*): aparece especialmente em campos de soja e anuncia o esgotamento de molibdênio (Mo).
2. Ançarinha-branca (*Chenopodium album*): aparece frequentemente em campos de batatinhas com elevadas doses de nitrogênio, mas também em hortas adubadas com muito composto. Pelo excesso de nitrogênio se induz a deficiência aguda de cobre (Cu).
3. Artemísia ou losna-brava (*Artemisia absynthium*): por exemplo, ela cobria as pradarias estadunidenses superpastejadas. Também está tomando conta, após uma agricultura intensiva com enormes quantidades de NPK, da puszta, das pastagens húngaras, onde criavam seus famosos cavalos, indicando a salinização e um pH elevado, entre 7,5 a 8,5.
4. Azedinho ou oxalis (*Oxalis oxiptera*): trevinho de folhas azedas que facilmente aparece nos gramados em São Paulo, indicando uma falta aguda de cálcio (Ca).
5. Babaçu (*Orbignya speciosa*): a frequência dessa palmeira indica o grau da formação de cerrado. Por exemplo, atualmente, aparece com frequência na região de Altamira onde, há 30 anos, ainda havia mata fechada.
6. Bacuri (*Platonia insignis*): indica um solo de cerrado fértil.
7. Beldroega (*Portulaca oleracea*): é uma planta que indica solos férteis, mas de baixa "capacidade de campo" (capacidade máxima do solo em reter água).
8. Capim-caninha ou capim-colorado (por causa de seus colmos alternadamente verdes e vermelhos – *Andropogon incanus*): in-

dica solos encharcados durante a época de chuvas e deficientes em fósforo (P). Neste estado, encana logo após a brotação e é considerado um capim inútil e indesejável. Porém, quando recebe fósforo, permanece tenro durante muito tempo e é boa forrageira.

9. Capim-colchão (*Digitaria sanguinalis e D. horizontalis*): sempre indica a deficiência de potássio (K).
10. Capim Sporobulo (*Sporobulus poiretii*): capim muito pobre, aparece em pastagens deficientes em molibdênio (Mo).
11. Carrapicho-de-carneiro (*Acanthospermum hispidum*): aparece facilmente em lavouras de feijão, e indica a deficiência em cálcio (Ca). Feijão deficiente em cálcio resiste menos a períodos secos e é facilmente atacado por antracnose.
12. Picão-branco ou fazendeiro (*Galinsoga parviflora*): aparece especialmente em hortas bem providas de composto e indica a deficiência em cobre (Cu).
13. Dente-de-leão (*Taraxacum officinale*): somente aparece em solos férteis, bem providos em boro (B).
14. Erva-lanceta ou mãe-de-sapé (*Solidago microglossa*): tem esse nome porque indica um pH 4,5, e que é 0,5 ponto maior do que o do solo onde aparece o capim-sapé.
15. Língua-de-vaca (*Rumex obtusifolius*): somente ocorre em solos férteis com excesso de nitrogênio orgânico e, portanto, com deficiência em cobre (Cu).
16. Mio-mio (*Baccharis coridifolia*): invade os solos da fronteira do Rio Grande do Sul. É tomado como sinal de solos rasos e pedregosos, e é usado pelos caçadores como guia no meio das pastagens encharcadas. Indica deficiência de molibdênio (Mo).
17. Nabisco ou nabo-bravo (*Raphanus raphanistrum*): aparece com facilidade em lavouras de trigo e, muitas vezes, é tomado como índice de campo sujo. Na verdade, é o indicador da deficiência de boro (B) e de manganês (Mn) esgotados pelo trigo.

18. Rubim (*Leonorus sibiricus*): indica a deficiência de manganês (Mn), mas como é um ótimo remédio para o estômago e raramente aparece em grandes quantidades, quase ninguém se incomoda com sua presença.
19. Samambaia-de-tapera (*Pteridium aquilinum*): é muito comum nos pastos, especialmente na região do cerrado. Indica um excesso de alumínio (Al), porém, quando grande e viçoso, indica solo rico em outros nutrientes e, quando pequeno, o solo é pobre. Em pastagens é nefasto, porque seus brotos têm um veneno cumulativo que causa sangramentos até a morte do gado. Cafeicultores gostavam dele, usando-o como mulch (cobertura morta), porque diziam que evita nematoides.
20. Sapé (*Imperata brasiliensis*): é um capim muito ácido com excesso de alumínio (Al), indicando um pH 4,0. Embora as éguas o comam sem problema, apresentando-se bem nutridas e reluzentes, ele causa uma desmineralização total dos potros, que leva à poliartrite e à morte.

Plantas indicadoras de condições físicas

1. Assa-peixe (*Vernonia* spp.): presente onde há queimadas frequentes e solo duro e adensado a partir de 3 a 4 cm de profundidade (raízes superficiais).
2. Babaçu (*Orbignya speciosa*): indicador da formação progressiva de cerrado. Dizem: quanto mais pés de babaçu, mais avançada a "cerradificação".
3. Cabelo-de-porco (*Carex* spp.): aparece em áreas queimadas com muita frequência e que não deixam plantas estoloníferas permanecerem. Solo ácido.
4. Capim-amargoso (*Digitaria insularis*): surge onde existe uma camada impermeável em mais ou menos 60 a 80 cm de profundidade, causando erosão subterrânea ou estagnação de água.

5. Capim-arroz (*Echinochloa crusgalli*): aparece onde existe uma camada "reduzida" no solo, na qual os nutrientes perdem seu oxigênio e se juntam ao hidrogênio, podendo tornar-se tóxicos.
6. Capim-cabeludo (*Trachypogon* spp.): comum em Roraima e Guianas, indicando solo pobre e queimado várias vezes ao ano.
7. Capim-canarana (*Echinochloa polystachya* e *E. pyramidalis*): presente em baixadas amazônicas temporariamente inundadas.
8. Capim-carrapicho, capim-amoroso ou olho-do-diabo (*Cenchrus echinatus*): quando aparece em grande quantidade, o solo é muito compactado, extremamente duro.
9. Capim-marmelada (*Brachiaria plantaginea*): presente em solo arado, deficiente em zinco.
10. Capim-natal, capim-favorito ou capim-gafanhoto (*Rhynchelitrum repens):* aparece em solo muito seco ou pedregoso. Em campos onde ele predomina, criam-se os gafanhotos-praga.
11. Capim-pé-de-galinha (*Eleusine indica*): cresce geralmente na beira de caminhos, indicando um solo fértil, mas muito compactado.
12. Grama-missioneira (*Axonopus compressus*): indica solo muito ácido e pobre, mas pode estar sombreado.
13. Grama-seda ou grama-paulista (*Cynodon dactylon*): presente em solo muito pisoteado, por isso também é usado em campos de futebol.
14. Guanxuma (*Sida rhombifolia*): indica uma laje muito dura em pouca profundidade, como aquela causada pela irrigação ou chuvas em solos mantidos limpos (por capina ou herbicidas). É comum em plantações de batatinhas.
15. Inajá (*Maximiliana maripa*): palmeira que aparece em lavouras decaídas.
16. Jurubeba (*Solanun paniculatum*): é típica para a rebrota na Amazônia. Lá vale a regra: solo uma vez desnudado e exposto à chuva, a camada adensada cresce até 7 cm abaixo da superfície.

Em solo três vezes desnudado e exposto à chuva, a laje cresce até 3 cm abaixo da superfície.

17. Capim-quicuio (*Pennisetum clandestinum*): indica solo fresco.
18. Maria-mole ou berneira (*Senecio brasiliensis*): indica solo fresco a úmido na primavera.
19. Capim-rabo-de-burro ou cola-de-zorro (*Andropogon* spp.*):* indica camada impermeável em 80 a 100 cm de profundidade.

ALUMÍNIO TEM DE SER "CORRIGIDO"?

Que pergunta! É claro que tem de ser corrigido, porque é tóxico! Isso se aprende já no início do curso de Agronomia. Solos devem ter um pH ao redor do neutro e nisso o alumínio se opõe. E o alumínio se torna cada vez mais agressivo. Parece que se tornou resistente à calagem, igual às pragas, que também se tornam resistentes aos defensivos.

Há uns 50 anos, uma tonelada de calcário era suficiente para "neutralizar" 10 $mmol_c/dm^3$ de alumínio. Há 30 anos já se precisava de duas toneladas. E de uns 20 anos para cá, já se precisava de três toneladas. Por quê?

Alguns cientistas dizem que nos trópicos o alumínio e o ferro agregam o solo! Será? Isso porque nos países do Norte, que são os desenvolvidos, é o cálcio! Então deveria ser o cálcio também aqui no Sul. Não temos nem tecnologia própria. Tudo é importado ou, como se diz, transferido do Norte para o Sul.

Nos Estados Unidos, até 80% dos nutrientes trocáveis têm de ser cálcio. No Brasil, já fizeram um compromisso e se satisfizeram com 40%. Mas isso tem de ser assim. Tem mesmo?

O pesquisador prepara seus vasos de ensaio, colocando sempre maiores quantidades de calcário para neutralizar o alumínio, que é elevado em seu solo. Nem quer saber o que dizem alguns, que o alumínio agrega o solo tropical. Nos Estados Unidos, o que agrega é o cálcio e basta. Estadunidense tem de saber isso melhor do que os brasileiros, que aprendem lá porque não sabem como tratar um solo. Solo tropical é uma porcaria. É pobre, é ácido, quase não tem humo e, quando tem, é somente um ácido solúvel (ácido fúlvico) em água, que lava os nutrientes do solo, que já é pobre.

Nos Estados Unidos, o humo não se dissolve na água e ainda aumenta a capacidade do solo em segurar nutrientes. E seus solos ficam cada vez mais ricos e eles produzem colheitas altas, embora seu clima seja frio e desfavorável. Eles são gênios mesmo. E nós, que temos um clima quente, ensolarado e favorável, produzimos pouco. Mandam até professores de lá para assistir nossas universidades, mas não adianta nada. Aqui o povo não aprende, talvez também porque o nosso solo seja tão pobre.

Dizem que Deus é brasileiro, mas parece que no solo tropical ele não mostrou seu amor para com o Brasil. Não cuidou dele quando o criou, ou errou mesmo. Deus erra? Dizem que não, mas como ele pôde fazer um solo tão miserável? Ou será que ele queria mergulhar na fome e na miséria todos os povos de clima tropical porque quis a supremacia dos povos do Norte? Se fez isso, é perverso. Mas Deus pode ser perverso? Não pode, porque ele é justo.

O pesquisador ficou cada vez mais confuso. Alguma coisa está errada. Ou não se sabe quem é Deus verdadeiramente, ou não se sabe como funciona um solo tropical. Bem, Deus se conhece há quase 6 mil anos. Então a ciência do solo, que finalmente é produto do espírito humano dos últimos dois séculos, está errada. Será que os grandes gênios humanos erraram ou o que eles dizem somente vale para os solos no clima deles, no clima temperado, e não tem nada a ver com o clima tropical?

O ensaio saiu. O milho e a soja cresceram nos potes com as doses cada vez maiores de calcário. De um pouco de calcário, ambos gostaram, mas onde as doses ficaram elevadas, nem milho nem soja ficaram à vontade. Por quê? O pesquisador tirou a terra dos vasos. Onde tinha menos calcário, a terra estava solta, toda em grumos, e as raízes cresciam abundantemente. Mas onde o alumínio foi "corrigido", o solo ficou igual a uma pedra. O calcário destruiu os agregados, o solo perdeu seus poros e ficou compacto. Então, para nós, cálcio não agrega, e sim desagrega? "Corrige" o alumínio que agregava o solo e o coloca fora de combate, mas ele, o cálcio, não consegue agregar o solo tropical, e agora este se tornou impermeável para ar, água e raízes. Cálcio é o quê? Somente um nutriente como também os outros minerais? É um nutriente importante, até muito importante, não há dúvida. Mas só isso.

E, se ele desequilibra o potássio, ainda baixa a resistência das plantas a doenças. Será que a "trofobiose" deste professor francês Francis Chaboussou vale mesmo, e todos os nutrientes se encontram em proporções distintas? Será que essa teoria de "a vida pela alimentação" está certa? Será que tudo que ele aprendeu sobre o solo somente vale para o Norte? Então devemos dar menos importância para a tecnologia importada. Nossos solos tropicais têm sua própria tecnologia, que ninguém pesquisou, porque o povo "subdesenvolvido" não pode nem pensar, pesquisar ou descobrir. E aí vive na miséria porque o que se "importa e transfere" não serve para nós. Será que Deus não errou tanto, como os desenvolvidos nos dizem, mas fez tudo certo também para os trópicos? Com certeza, com a criação da Embrapa, está sendo desenvolvida finalmente uma tecnologia tropical, ajustada a nossas condições.

SOLO IRRIGADO NO SEMIÁRIDO

Não faz muito tempo que as chuvas terminaram. Talvez dois meses, talvez menos. Em três meses toda a água cai do céu, mais ou menos 900 mm/ano e, durante essa época, a vegetação luxuriante da caatinga simula uma mata tropical úmida. É incrível a abundância de folhas e flores. Milhares de pássaros cantam, centenas de pequenos animais ganham suas crias. A natureza fervilha de vida. Mas é somente como numa paisagem encantada: após poucas semanas, o encanto cede e ela decai novamente.

A chuva nem parou direito, e os pastos e campos ainda estão com poças de água das enchentes, quando as árvores já jogam suas folhas. Não por causa da seca existente, mas por causa da sábia previsão da seca vindoura para a qual querem preservar suas forças para sobreviver. Muitas árvores, como o umbuzeiro (*Spondias tuberosa*), o faveleiro (*Cnidoscolus phyllacanthus, Euforbiacea*) e outras, até possuem um tipo de engrossamento ou batatas em suas raízes, onde conservam água e nutrientes para a seca. Os pássaros e animais somem, os pastos secam e somente as algarobeiras (*Prosopis juliflora*) permanecem verdes, espalhando sua sombra rala sobre a terra seca. Um vento insistente sopra pelas carcaças secas das árvores, e a paisagem parece o símbolo da morte.

Na África, chamam isso de deserto, como o deserto do Kalahari, no sul do continente, onde podem desabar até mais de 500 mm de chuva em três ou quatro meses das monções (na região do Sahel, pode chover até 2 mil mm/ano). Também o deserto do Atacama, no norte do Chile, tem suas semanas de flores e abundância. No Brasil o chamam de semiárido, na esperança de que seja reversível.

Ou pensam que os holandeses, de uma nação mercantil, teriam se assentado em Olinda para governar paisagens desérticas? Eles administraram extensos canaviais e produziam açúcar que mandaram durante 14 anos para a Europa (antes disso, compravam o açúcar mascavo em Portugal, refinavam e distribuíam na Europa; o príncipe Maurício de Nassau governou durante sete anos). Hoje, nem na Zona da Mata, em Pernambuco, existe uma única árvore. A atividade humana acabou com a exuberância.

Falta água.

E começaram com os projetos de irrigação nas terras mais férteis do semiárido ao redor de Petrolina e Juazeiro. Não é que a Califórnia, o estado mais rico dos Estados Unidos da América do Norte, fica no semiárido e toda sua riqueza vem da irrigação? Não é que a antiga Babilônia, o país mais rico do Oriente Médio vivia em uma região semiárida, irrigada pelas águas dos rios Eufrates e Tigre?

Mas o profeta Isaías já previra seu fim trágico, porque andando pelos campos viu o sal brilhar na superfície do solo. Os solos se salinizaram.

Ao redor do núcleo de irrigação do Nordeste, há fazendas com até 25 pivôs centrais parados. As terras se salinizaram. O paraíso das uvas e mangas luta cada vez mais para se manter. Os solos se salinizam. Nos primeiros anos era uma euforia tremenda. Os pomares e vinhedos produziam como em nenhum lugar do Brasil. Era uma abundância desconhecida. Esbanjavam a água, já que o Rio São Francisco tinha tanta. Uma água muito limpa, com o menor índice de sal de todos os rios conhecidos.

O nível freático, a água subterrânea, não era muito baixo. E com uma calibração de irrigação para 7 a 10 mm/dia, tudo era como um milagre. Só que as culturas se "viciavam" em irrigação e não podiam ficar mais sem ela nem por um ou dois dias. Os pivôs eram comprados com empréstimo, pagável em 12 anos. Mas após sete anos os solos começavam a salinizar. Diminuíram a água aplicada, porque pensaram: menos água acrescenta menos sal. Mas a salinização aumentou.

Os preços das terras do semiárido, que tinham subido graças à esperança de irrigação, despencaram novamente. São poucos os que ainda se aventuram a instalar irrigação para pomares e até pastagens. Terra irrigada sempre saliniza? Em Israel não vivem da irrigação já faz cerca de 50 anos e ainda funciona bem? Até muito bem! O que falta é água, porque o caudal do Rio Jordão é menor do que as necessidades dos campos agrícolas.

Por que alguns conseguem irrigar durante séculos, e outros, após sete anos, já começam a lutar contra a salinidade? Por que, no mundo inteiro, se salinizam somente quatro milhões de hectares por ano das terras irrigadas e outras resistem? Irrigação sempre acarreta salinização nos trópicos? Em terrenos limpos, tanto faz se foi pela capina ou pelo fogo, o solo seca. A matéria orgânica se reduz e desaparece, a estrutura granular do solo se desfaz, aumenta a dispersão das argilas, os macroporos desaparecem, o solo adensa, morrem as bactérias e fungos e a produtividade do solo cai a partir de três ou quatro anos de uso.

Pergunte ao seu solo

O solo irrigado com 7 a 10 mm/dia de água somente tem sua superfície molhada. A água não penetra. Abaixo, o solo permanece seco. As raízes todas se concentram na camada úmida. E esta camada é seguida por uma laje dura, impermeável. Gotas de irrigação batem no solo igual a gotas de chuva. Talvez com uma intensidade algo menor, porque caem de uma altura menor, mas destroem os agregados superficiais e levam o silte ou limo e a argila, dispersos pela água, para dentro da terra. Ali formam uma camada adensada por entupimento de macroporos igual à resultante da ação da chuva. Nos trópicos, 40% a 60% da água aspergida se evapora no ar. Às vezes chegam somente 5 mm/dia até o solo. E toda água deposita seu conteúdo em sais sobre o solo. Diminuíram a água quando começou a salinização, que ficou pior, porque menor profundidade de solo foi umedecida, lavada. Então as culturas foram adubadas com generosas quantidades de NPK, que se acumularam na camada superficial, e a matéria orgânica foi queimada, para controlar melhor as pragas.

Ali estavam as monoculturas com suas raízes superficiais, por causa da irrigação somente superficial, e a laje dura logo abaixo dela. Como a cada ano apareciam mais pragas e doenças, usavam mais defensivos, que se acumulavam na camada superficial. Finalmente, o solo se entregou: morto (pela falta de matéria orgânica, alimento para sua vida), exausto (em micronutrientes), desequilibrado (pelas doses elevadas de NPK e calcário), endurecido e anaeróbio (pela irrigação) e uniformizado (pela monocultura). Ele estava doente, muito doente. Somente alguma água e NPK não garantem colheitas boas. E o que ele continha foi gasto inescrupulosamente. Cada vez mais projetos de irrigação fracassaram.

E para continuar?

Solo irrigado necessita, antes de tudo, de água suficiente e uma drenagem que retire o excedente de água. E se não tiver excedente, a salinização está garantida. Solo irrigado nos trópicos necessita de *água suficiente* para molhar não somente a camada superficial, mas também em profundidade. Isso significa mais água por vez em menos aplicações, por exemplo, 30 a 35 mm/vez, de cinco em cinco dias, em lugar de 7 mm/dia, preferencialmente aplicados durante a noite. Além disso, é preciso:

1. *retornar matéria orgânica suficiente* para manter o solo permeável e arejado e transformar o sódio em carbonatos;
2. manter uma *camada protetora* na superfície, seja de *mulch* (resíduos vegetais), plantio mais adensado, uma cultura *consorciada* ou

até uma lona plástica, para protegê-la do aquecimento e evitar a evaporação da água do subsolo (que também traz sais) e o impacto da água de irrigação (a pressão das gotas rompem os agregados, que dispersam as partículas, encrostando a superfície ou entupindo os macroporos sobre a soleira de arado ou grade). *Nunca se deve trabalhar com solo capinado e limpo*;

3. *realizar rotação de culturas* ou, em pomares, nas entrelinhas, de vez em quando um *cultivo dessalinizante*, como de trigo mourisco, algodão ou sorgo;
4. realizar de três em três anos uma *"lavagem"* boa do solo por meio de uma irrigação abundante – pode-se implantar arroz para aproveitar a água – e uma drenagem radical dessa água de "lavagem" para levar os sais. Sem drenagem não existe irrigação duradoura;
5. *controlar a adubação*, usando o mínimo possível de NPK. Melhor seria aplicar pó de basalto ou de outra rocha rica em minerais;
6. *garantir o aprofundamento das raízes* (aplicando *boro*) e manter o nível freático abaixo de 2 metros de profundidade;
7. instalar renques *quebra-vento*, sejam eles de uma vegetação mais alta, como cana-de-açúcar ou capim-napier, de arbustos, como guandu ou de "palma-forrageira", ou de árvores, como sesbânia e tamarindo.

Duque (1980), o mais famoso professor da Escola de Agronomia do Ceará, pesquisador do Dnocs e especialista em ciclo hidrológico, diz em seu livro *Solo e água no polígono das secas*: "a cultura irrigada é uma ocupação absorvente, minuciosa e delicada, que exige do irrigante preparo e qualidades morais". Por que qualidades morais? Porque não é somente o lucro momentâneo, mas o zelo e o cuidado com o solo que garantem sua continuidade.

POR QUE A FERRUGEM MATOU O TRIGO?

A região era quase plana, ótima para a agricultura. Derrubaram a mata e plantaram trigo. As colheitas fartas enriqueceram a todos. E os agricultores estadunidenses que se assentaram na região, fugindo de perseguição religiosa em sua terra natal, estavam eufóricos. Araram a terra, plantaram trigo, queimaram a palha. E novamente lavraram o chão. Mas, alguns anos mais tarde, apareceu a ferrugem. Um, dois, três e mais tipos de ferrugem. Os especialistas conseguiam classificar as variedades de ferrugem com menor rapidez do que apareciam as novas formas. O veredito foi: a região é inadequada para trigo por causa dos mais diversos tipos de ferrugem que ali estavam instalados e que agora apareciam pouco a pouco.

Os grãos ficavam pequenos e enrugados, e o peso por hectolitro baixava cada vez mais, caindo de 84 para 72 e, finalmente, o trigo mal servia como ração animal. É o alumínio tóxico, declararam. Mas por que esse alumínio não tinha aparecido logo no início? Por que apareceu agora, de repente?

As chuvas, que antes eram de 1.400 mm, diminuíram para uns míseros 900 mm/ano. As fontes secaram, os poços somente tinham água a partir de 30 metros de profundidade. A região ficava cada vez mais seca, mais pobre e menos adequada para a agricultura.

Por quê?

O solo tropical não aguentou esse tratamento. As chuvas o compactaram, escorreram e o sulcavam. Ele ficou cada vez mais duro. Os especialistas diziam que não podia haver erosão em terra dura. A água só podia levar terra fofa. Mas, se a terra fosse fofa, as chuvas penetrariam e não escorreriam. Elas fomentariam fontes e poços em lugar de rasgar voçorocas. E, quando se arrancava uma planta de trigo, a raiz estava pequena, fraca e superficial, não conseguia mais nutrir as plantas. Faltava o quê?

Nessa época, apareceu o adubo químico. Adubaram. Mas não melhorou nada, só perderam mais dinheiro. Os agricultores ficaram desesperados e muitos foram embora, para outras bandas, onde ainda tinha mata para derrubar. Até o governo se preocupou. Era esse o destino de terra desmatada?

Mas veio alguém e perguntou:

– Querem plantar trigo? Todos riram.

– Se conseguir plantar trigo, as terras serão suas – disse o governador.

E o homem plantou mucuna e guandu, sorgo e milheto, tudo misturado. E as raízes, que no início mal conseguiam entrar no solo, de repente, quebraram a laje dura e se foram até uns dois metros de profundidade. E, quando se tinha formado muita massa verde, o homem derrubou tudo. Uma massa vegetal espessa envolvia a superfície da terra. Decompôs-se, protegeu o solo durante o calor de fevereiro e março, e quando chegou abril ele plantou trigo. No primeiro ano somente alguns hectares. Deu certo. O trigo cresceu bem, sem ferrugem, apesar dos diversos tipos dela (de folha, colmo, arista, espiga e outras) presentes na região. E o grão alcançou um peso hectolítrico de 80. Ainda não era o melhor, mas muito melhor do que os 72 que os agricultores tinham obtido. Já era trigo que o moinho comprava para farinha. O homem repetiu a adubação verde e plantou outro trigo. E o trigo, apesar de uma seca violenta, deu bem, e seu peso por hectolitro subiu a 82, e no ano seguinte, a 85. Cadê a ferrugem? Aonde foi ela? Não sabia. Olhou a terra. Esta estava fofa e tinha cheiro agradável, e as raízes do trigo eram grandes e bem desenvolvidas. E como monocultura não dá, plantou milho em rotação com o trigo. O milho deu muita palha e dispensava a adubação verde.

– Você não queima a palha? É mais seguro para evitar pragas e doenças – diziam os vizinhos. – Mata os insetos e os fungos.

O homem olhou.

– Sim, mas também mata de fome toda a vida do solo, e sem vida a terra fica dura, e em terra dura a raiz não consegue crescer, não consegue nutrir a planta (as raízes são os "intestinos" e também os "pulmões" da planta, por lá entram água, nutrientes e oxigênio), e esta se torna fraca. E planta fraca é atacada por doenças. A ferrugem está aqui, mas não ataca planta bem nutrida.

– Então quer dizer que a planta está doente antes mesmo de ser atacada pela ferrugem?

– Exatamente. E, se a planta não estiver doente, nenhum fungo ou inseto consegue atacá-la.

– Está querendo virar o mundo do avesso?

– Não, estou somente pondo tudo no seu devido lugar!

O SEGREDO

Estávamos indo visitar uma propriedade no Mato Grosso do Sul, e de repente vimos uma área de trigo amarelo com uma mancha verde--escura numa borda. A época era seca, mas não era tempo de colheita. Pedi ao motorista para ver se via alguém na área e para parar a fim de verificarmos aquele mistério.

Havia uma pessoa da propriedade por perto que nos permitiu ver a área amarela na divisa com a mancha verde-escura. As duas áreas eram trigo. O rapaz da propriedade nos disse que era trigo semeado na mesma época, da mesma variedade, com a mesma adubação.

Chegamos perto e verificamos que onde o trigo estava amarelo, ele estava de cor mais amarelada, mas carregado de ferrugem (de arista, folhas e colmos). E na área verde-escura, que chegava a encostar nas folhas enferrujadas, nas bordas, nada de ferrugem. As plantas eram mais vigorosas, e muito mais altas.

Qual seria o segredo dessa diferença gritante?

Como não havia ferramenta para cavar o solo, ficamos só na avaliação superficial. O solo no trigo amarelo era duro, seco, quente (pois com plantas mais ralas, os raios solares atingiam o solo). E estava duro. Ao arrancar algumas plantas de trigo, vimos poucas raízes, grossas, sem radicelas, ressequidas.

Ao analisar a área verde-escura ao lado, vimos uma camada de restos vegetais sobre o solo. O solo abaixo esta úmido, fresco e solto. Ao arrancar algumas plantas, dava até gosto de ver a fartura de raízes e radicelas abundantes e vigorosas, e úmidas.

Ao perguntar à pessoa que estava na propriedade sobre o porquê daquela camada de restos vegetais, ele nos informou que ali parava a trilhadora estacionária de soja, e a palhada das vagens, de decomposição mais lenta, se amontoaram naquele local. Havia rotação trigo-soja.

Isso foi uma alegria, ver reforçada a ideia de ver que quando o solo está bem poroso, úmido, protegido por uma camada de material diversificado, até mesmo de leguminosas (de preferência aquelas que têm partes mais fibrosas), as raízes ficam vigorosas, mesmo em período seco, e as plantas se desenvolvem bem, sem doenças. Normalmente excesso de nitrogênio favorece a ferrugem, mas ali na área verde estava sendo fornecido em quantidades adequadas. A ferrugem apareceu nas plantas famintas de tudo.

PARA ONDE VAI A CAATINGA?

A região do semiárido do Nordeste é cortada pelo rio mais cantado do Brasil, o São Francisco. Seus afluentes também não são desprezíveis, como o Rio das Velhas ou o Rio Grande. Era muita água, muitos peixes e uma navegação intensa. Mas, desde que foi desmatada, a região se tornou cada vez mais seca, apesar dos rios. A mata se tornou caducifólia, quer dizer, perde suas folhas na época sem chuva, para poder sobreviver, parecendo seca e morta, em especial das árvores de raízes mais superficiais. Muitas árvores possuem espinhos que as defendem contra a seca, como o faveleiro, e outras possuem depósitos de água nas raízes, como o umbuzeiro, que os sertanejos apreciam muito.

Mas, quando vêm as chuvas, o esverdejar é explosivo e de um luxo quase inacreditável.

Os rios são explorados para a irrigação. Na região de Juazeiro e Petrolina, onde a irrigação foi iniciada, muitas terras já estão salinizadas, e os pivôs centrais foram abandonados. Dos 100 mil hectares inicialmente irrigados, 15 mil já estão salinos, e a maior parte da irrigação mudou para a região de Barra e Xique-xique.

Porém, também ali esqueceram que irrigar não é somente molhar o chão. Irrigar em regiões semiáridas é uma atividade muito séria e de grande responsabilidade. E, como José Guimarães Duque diz, "é de alta tecnologia e moral".

Fatores que afetam a irrigação

1. A água de açudes e de rios, mesmo a melhor, não é água "destilada" como a da chuva. Sempre contém certa quantidade de sais minerais dissolvidos que se acumulam no solo irrigado.
2. Quanto menos se irriga (menor a lâmina de água), tanto mais superficial a parte molhada do solo, e a água aplicada evapora tanto mais rápido quanto menor for a camada molhada, deixando os sais sobre a superfície do solo.
3. O solo desprotegido se aquece pelo sol, e a água do subsolo sobe à superfície em forma de vapor, trazendo sais consigo. Há somente água ascendente. Falta o movimento de água descendente, que percola e lava o solo.
4. Falta de drenagem da água (que deveria lavar o solo).
5. Falta de matéria orgânica, especialmente de palha, que poderia transformar os sais em carbonatos, muito menos solúveis em água, dessalinizando o solo.
6. Falta de porosidade (poros de aeração e drenagem) da superfície do solo, por falta de matéria orgânica em decomposição.
7. Necessita-se de rotação de cultivos com: i) culturas que drenam a água do subsolo, como girassol ou sorgo; ii) culturas que dessalinizam, como algodão e trigo mourisco; e iii) culturas que permitem a lavagem do solo, como arroz.
8. Em culturas perenes, como na fruticultura, a cobertura das entrelinhas deve conter a flora espontânea enriquecida por plantas favoráveis na região. A monocultura de leguminosas não é aconselhada, porque, com os anos, provoca nematoides.
9. Os terrenos a serem irrigados devem ser rigorosamente nivelados para evitar "focos de salinização".

10. Deve-se evitar o impacto das gotas da água de irrigação sobre a superfície do solo, as quais destroem os agregados, formando crostas superficiais e uma laje dura (*hard-pan*) de pouca profundidade, sobre a soleira de arrasto do arado ou da grade ou da enxada rotativa, e que impede o aprofundamento das raízes.
11. Deve-se cuidar para que o nível freático não suba demais, mantendo-o em pelo menos um metro de profundidade.
12. Vale lembrar que à medida que o cloro na água aumenta, a quantidade de sais suportada pelas culturas diminui.

A água é considerada potável com uma condutância elétrica de até 2,5 μmhos/cm (ou 2,5 μSiemens/cm, ou 0,0025 dS/m) de sais dissolvidos, e ainda sofrível com 4 μmhos/cm de sais. Algodão suporta bem até 10 μmhos/cm, grama-bermuda (*Cynodon dactylon*) até 13 μmhos/cm. Mais sensível é a batata-doce, que reduz drasticamente a colheita acima de 2,5 μmhos/cm ou o milho com 1,7 μmho/cm ou o feijão com 1 μmho/cm de concentração de sais. Porém, quando o cloro faz parte dos minerais, a concentração de sais suportada fica abaixo de 2,0 μmhos/cm. (Obs.: 1 μmho/cm = 1 μS/cm = 0,001 dS/m = 0,0001 S/m)

Vale lembrar que anualmente são salinizados mais de 4 milhões de hectares irrigados.

Em regiões onde chove bastante, a irrigação somente é superior em épocas com menos chuva, e a lavagem do solo está garantida. Portanto, não ocorre salinização.

Medidas que visam a diminuir a salinização não devem diminuir a quantidade de água irrigada, mas aumentar a quantidade da água de irrigação para lavar os sais acumulados na camada superficial do solo. Quanto menos se irriga, mais superficial o molhamento do solo e mais rápido a água se evapora, deixando os sais na superfície do solo. E solo desprotegido se aquece, a água do subsolo sobe à superfície em forma de vapor trazendo igualmente sais consigo. Há somente água ascendente. Falta o movimento da água descendente, que percola e lava o solo.

Somente em solos macroporosos e com nível freático baixo a diminuição da água de irrigação pode atrasar a salinização. Em solos compactados e adensados, impermeáveis, e com nível freático alto (superficial), a diminuição da água sempre acelera a salinização.

Os problemas maiores da caatinga

1. As queimadas frequentes – até cinco vezes ao ano – para forçar a brotação de pastos no meio da seca, e que priva a vida do solo de seu alimento (matéria orgânica) e deixa os solos decair, isto é, compactar, o que diminui, ano a ano, a quantidade e qualidade da forragem.
2. A falta de árvores ou quebra-ventos em geral (também podem ser de capim alto como napier, cana-de-açúcar) para diminuir a perda de água transpirada para o ar, levada por brisas e pelo vento. Pesquisas mostram que essa perda pode ser de 40 a 60% das chuvas e, em casos extremos, até 75%. Com 500 a 590 mm/ano de chuvas isso significa que restam somente 350 e até 230 mm/ano de chuva e, em casos extremos, 150 mm/ano de chuva e que é mais baixo quando a água chovida escorre superficialmente. A desertificação depende não somente das poucas chuvas, diminuídas pelo desmatamento, mas especialmente do vento seco e permanente.
3. O pastejo livre e descontrolado de cabras que impedem o crescimento de árvores. Por causa das cabras soltas, a desertificação do semiárido avança rapidamente.

Não é uma irrigação bem feita que vai salvar a caatinga, mas o reflorestamento parcial, o abandono das queimadas e o controle (pastejo controlado) das cabras.

DUAS VEZES ARROZ

O entusiasmo era grande. Vieram especialistas em arroz da Malásia que ensinaram como produzir mais. Naturalmente, não era o caso de plantar pé por pé manualmente, como fazem lá, mas tratava-se de acertar o manejo da água. Plantava-se o arroz em terra úmida e, quando tinha nascido, liberava-se uma fina lâmina de água. E, depois, deixava a terra secar até que as plantinhas começassem a murchar. Este era o ponto em que se soltava novamente a água para valer. E daí em diante o nível de água subia com o tamanho das plantas de arroz. Poderia dobrar a colheita.

E depois veio a colheita e a grande expectativa. Aumentou a colheita? Para alguns, a euforia foi grande, a colheita aumentou mesmo, quase dobrou. Para outros, era uma enorme decepção, a colheita diminuiu, quase à metade. Por quê? Ninguém podia explicar. Nem os malaios. Lá, na terra deles, sempre dava certo.

Perguntamos ao solo. As análises químicas não eram tão diferentes, mas as análises físicas eram. Nos solos mais argilosos, as colheitas subiram; nos mais arenosos, elas baixaram. Mas por quê? Fizemos trincheiras. Nos solos mais argilosos, logo abaixo da superfície, começava um horizonte mosqueado, de redução. Mas o horizonte terminava geralmente a 40 cm de profundidade. E quando deixavam os campos secarem, as raízes seguiam a água, passavam por esse horizonte de redução e cresciam abundantemente abaixo dele, num solo não reduzido, mais arejado. E isso foi o que aumentou a colheita: o solo arejado.

Embora digam que arroz cresce até em asfalto e não precisa de solos agregados, ele necessita de oxigênio. Ele é a única planta de cultura que consegue levar oxigênio, através de um aerênquima, das folhas às raízes. Mas isto lhe custa caro. É um esforço muito grande e que ocorre à custa da produção. Baixa a colheita.

Nos solos mais arenosos, o horizonte de redução não estava tão nítido na camada superficial. Ali ele estava a 70 cm e até 80 cm, encontrando-se nesta profundidade seu estágio pior de redução, de anaerobismo. Assim, à medida que as raízes cresciam, avançavam cada vez mais no horizonte reduzido, e a falta de oxigênio era tanto pior quanto mais se aprofundavam. Não conseguiam passá-lo. E, finalmente, as raízes tinham de crescer na camada mais reduzida, onde os nutrientes, em parte, nem são mais nutrientes, mas são tóxicos, como o enxofre, que vira gás sulfídrico, o manganês, que em estado reduzido é toxico, igual ao ferro. Se houvesse gás carbônico, viraria metano. Faltava oxigênio para os nutrientes e para o metabolismo da planta.

O arroz ainda podia "dar um jeito" para seu metabolismo, captando o oxigênio pelas folhas e levando-o às raízes. Mas esse é um processo que custa muita energia e baixa a colheita em 30%. Porém, ali os nutrientes não podiam mais ser oxidados, permanecendo tóxicos, e sua deficiência era pronunciada. A raiz, obrigada a avançar até essa camada maléfica, não conseguiu passá-la. E a colheita era reduzida para a metade. Arroz cresce em solo sem oxigênio, mas cresce muito melhor em solo arejado.

Em Madagascar, introduziram o sistema SRI, ou seja, *système de riziculture intensive.* Lá eles plantam o arroz quando as mudinhas ainda são bem pequenas. Quando fazem quatro folhas, já as transplantam dos canteiros para o campo, num espaçamento de 40 x 40 cm. É muito afastado um pé do outro, mas eles querem facilitar a passagem de enxadas, além de esperarem por plantas com 20 e até 40 colmos (perfilhos). E como são agricultores muito pequenos, não podem comprar nem um grama de adubo comercial, além de disporem de pouca água para a irrigação. Tudo o que eles têm é mato, que viram superficialmente. E verificaram que o arroz de água não necessitava de um campo inundado o tempo todo, mas somente de um solo úmido.

Irrigam o solo e o deixam secar. E cada vez que o solo seca, a raiz avança mais, seguindo a água. Depois passam enxadas ou uma enxada rotativa, e irrigam novamente. Repetem o processo umas cinco vezes. Com este sistema, eles não somente conseguem uma decomposição completa da matéria orgânica, mas também evitam qualquer formação de crosta superficial (oxigenando o solo), além de um mínimo de horizonte reduzido. Porém, criam plantas com raízes cinco a seis vezes maiores que de costume, e que chegam a 1,5 metro de profundidade. É o sistema malaio potencializado. O solo sempre é grumoso e poroso. A colheita oscila entre 13 a 15 t/ha. E uma família consegue viver com menos de um hectare de terra.

Perguntaram quantos anos o solo aguenta esse sistema. Por enquanto, já fazem isso há sete anos, e a cada ano se repete a mesma produção, aumentando a estabilidade das colheitas. O arroz vive de quê? Somente dos minerais que a matéria orgânica fornece? Da exploração do solo? Da transmutação dos íons nutritivos com ajuda de bactérias? Ainda não se sabe ao certo, embora existam poucos casos em que ocorram fatores limitantes de produção agudos, desde o primeiro ano, como em solos muito salinos.

Porém, isso não funciona somente na Ásia e na África. Funciona também no Brasil. No Maranhão, toda primavera o Rio Pindaré tem enchentes, trazendo muito húmus (material orgânico) da serra de Gurupi e da serra de Tiracambú. Igual ao Rio Nilo, inunda as terras algo irregulares e deposita ali o húmus (terra negra), fertilizando os solos. Quando a água começa a secar, toda a paisagem está cheia de "poças de água" que pouco a pouco diminuem até desaparecer. Isso o pessoal aproveita. Cada vez que uma faixa da bacia seca, plantam mudinhas de arroz, sem revirar a terra. Se lavrassem o campo, enterrariam o húmus e trariam torrões de terra estéril à superfície, o que iria encrostá-la. E a terra está muito úmida quando é plantada.

Portanto, não é preguiça, mas sábia experiência. Cada vez que uma faixa de uns dois metros fica livre de água, plantam. E as mudas de arroz seguem com suas raízes a água que pouco a pouco seca e está cada vez mais profunda. E quando finalmente plantam o fundo da poça ou bacia, falta pouco para colher a primeira faixa. E a colheita é de 16 a 18 t/ha. Os solos fertilizados pelo rio, e o arroz obrigado a aprofundar cada vez mais suas raízes para alcançar ainda a água são o segredo da alta produtividade. Nada de máquinas, nada de adubos comerciais, nada de defensivos.

E se o terreno fosse nivelado? A produtividade se perderia, porque depende justamente das raízes que seguem a água (as raízes se desenvolvem melhor em solo úmido, mas a água vai até a raiz para ser absorvida, por diferença de potencial).

Agricultura ecológica é justamente esta que aproveita o ecossistema e suas particularidades.

Por enquanto, o sal não é proibido por nenhuma norma orgânica. Ou porque não acreditam que se possa salgar uma cultura, ou porque não se deram conta de que sal seja cloreto de sódio. E os plantadores de repente se lembraram de que seus pais também salgavam as palmeiras, todas as palmeiras que cresciam longe do mar: dois punhados para cada pé. E eles cresciam fortes e sadios. Era a solução. De repente, os costumes dos velhos não pareciam mais superstição, mas sabedoria. E as mudas replantadas não adoeciam mais: cresciam fortes e sadias como antigamente, quando abastecidas com cloro.

O COCHO DE SAL

O desmatamento era novo. Limparam 20 mil hectares com motosserra e fogo, e jogaram semente de capim-braquiária, que nasceu bem e, entre os troncos e galhos não queimados, cresceu um pasto exuberante. Embora digam que a vocação da Amazônia não seja para pasto, por enquanto tudo parecia andar maravilhosamente bem. Já haviam advertido que nessa região era necessário o dobro de cobalto no sal do que no restante do Brasil, mas cochos com sal bem temperado não faltavam. E o gado estava gordo e reluzente.

Porém, depois apareceu uma "peste" estranha que atacava as vacas. Elas eram gordas e bonitas, mas quando davam cria, deitavam, o que já não é comum em gado de corte, e depois não levantavam mais, simplesmente morriam.

Por quê?

O fazendeiro já tinha perdido mais de 30 vacas, e não tinha prevenção nem cura. E quando as mães morriam, a cria também era perdida, porque qual vaca iria aceitar os bezerrinhos órfãos? Pouco a pouco a situação tornou-se desesperadora. Nem com pentabiótico se salvavam os animais.

Fui chamada. O que poderia ser? Vi uma vaca bonita, deitada, com olhar meio desesperado. Queria levantar, mas não conseguia mais.

Sabia que a *falta de cloro* dava essa fraqueza pós-parição. Mas quis ter certeza.

– Diga-me, as vacas comem a terra onde urinaram?

– Sim, comem. Por quê?

– Porque só fazem isso quando procuram por cloro.

O homem sacudiu a cabeça.

– Não pode ser. Tenho cochos de sal por toda parte.

E o peão confirmou que o patrão nunca descuidava do sal.

Fomos ver os cochos de sal. Eram bem-feitos, com cobertura móvel para a chuva não entrar, mas o gado podia lambê-los facilmente. Cochos de fato não faltavam. Nem sal dentro dos cochos. Mas havia alguma dificuldade para chegar até eles, porque estavam no meio de um emaranhado, uma confusão de troncos e galhos caídos. As novilhas e vacas vazias ou no início da prenhez pulavam com facilidade e chegavam lá. Mas as vacas nos últimos meses de prenhez, já pesadas, não conseguiam pular mais. Enxergavam o cocho de sal à sua frente, mas ele era inalcançável. E morriam por falta de cloro, praticamente em frente ao sal que poderia salvá-las. E ninguém nunca teve a ideia de verificar se os animais conseguiam chegar aos cochos, porque estavam convencidos de que chegavam lá.

ROTAÇÃO DE PASTEJO NÃO É POSSÍVEL?

Finalmente vencemos a batalha para a implantação do *pastejo rotativo racional* ou, como se dizia no Rio Grande do Sul, o Voisin. Explicamos os fundamentos da filosofia de que o gado nunca deve comer a rebrota, para não enfraquecer as forrageiras, e que o repouso tinha de ser no mínimo o suficiente para que as larvas dos vermes morressem, o que levava entre duas a três semanas, conforme a estação do ano. E depois vinham ainda todas as considerações a respeito das próprias forrageiras. Todos acharam uma maravilha, porque vermifugar não era barato, e a manutenção da produtividade dos pastos era fundamental para uma pecuária lucrativa. Apesar de tanta euforia, um fazendeiro perguntou:

– Quanto tempo o gado leva para se acostumar à troca dos piquetes?

– Mais ou menos quatro a seis semanas – foi a resposta.

– Ótimo – disse ele –, mas sabem que o peão precisa de três a quatro anos?

E isso tinha sua razão. Não que o peão fosse burro, mas isso mexia com seu machismo. Somente se sentia "macho" quando andava a galope acompanhado de uma matilha de cachorros. E se fossem trocar os piquetes de cinco em cinco dias, o gado viveria eternamente estressado, perderia peso e não teria vantagem alguma.

Mas tudo parecia ir bem, e o sucesso era visível, porque a maioria somente empregava este método, no momento, para gado de engorda, o qual sempre recebia um capim novo, rico em proteínas, e engordava mais.

Mas depois apareceu um pecuarista e me disse:

– Tentei fazer o Voisin, mas não dá, porque minhas vacas abortam.

Nunca tinha ouvido a respeito, e alguma coisa estranha devia estar acontecendo. Teriam as vacas memória tão curta que a ausência delas de um piquete fazia com que se esquecessem das plantas tóxicas? Algo difícil de aceitar, pois o gado cheira as plantas tóxicas e não as toca, a não ser que esteja com muita deficiência de algum mineral.

Fui lá para ver. Não achamos nenhuma planta tóxica, a não ser o mio-mio (*Baccharis coridifolia),* que o gado conhecia de sobra. Tinha certeza de que a informação do pecuarista estava certa, mas a causa continuava uma incógnita. Finalmente pedi:

– Deixe-me ver como vocês trocam de piquete! O homem achou o pedido estranho.

– Como? Naturalmente passam pela porteira, de um piquete para o outro.

Mas era justamente o que eu queria ver. E embora ele movimentasse uns 500 animais, a porteira não tinha sido aumentada, e parecia não ter mais que 3,5 metros. Aí vieram uns quatro peões a cavalo com cachorros e, a galope, com enorme gritaria, afunilavam o coitado do gado nessa porteira estreita. E quando o gado finalmente tinha passado, jaziam dois fetos no chão.

– Não lhe falei que o gado aborta quando troco de piquete? – disse o pecuarista de uma maneira acusadora.

Porém não era exatamente a troca de piquete, mas a maneira com que os trocava.

– Olhe, se você deixar seus peões andarem a pé, à frente do gado, com um baldinho de sal, todos os animais vão segui-los calmamente sem apertos e empurrões, e não acontecerá mais nenhum aborto.

O homem coçou a cabeça.

– Tem razão. Mas como faço para tirar os peões dos cavalos?

ELASMO

O milho nasceu bem. Era uma beleza ver as linhas com as plantinhas novas, todas fortes e saudáveis. O agricultor tem sua primeira alegria quando vê que foi bem plantado e o estande – a população – é bom. Pelo menos ele trabalhou bem.

Mas, quando voltou uma semana mais tarde, ele viu as plantinhas mortas. Por toda a parte ou já estavam faltando ou estavam murchas e caídas. Outras plantinhas tinham o broto morto, e outras, ainda, as folhas amarelecidas. Quando puxava o broto, ele saía. Quando abriu a haste, lá estava ela, uma larvinha verde azulada, filhote de uma mariposa marrom, bem miúda, somente uma traça de ⅓ de centímetro de tamanho, que geralmente passa despercebida por seus hábitos noturnos. Ela bota seus ovos na terra e lá saem as larvas. É a elasmo (*Elasmopalpus lignosellus*), uma larva danada, que também ataca a cana, a soja, o sorgo, o arroz e até mudas de pinheiros. Uma vez instalada, seu combate é bastante difícil. Polvilha-se com defensivos, mas o efeito é pouco. Às vezes, não tem outro jeito senão replantar o campo. "É a época que está bastante seca", dizem. Mas, o que a seca tem a ver com a elasmo? A chuva mata a tracinha?

A resposta não é tão simples. A semente veio de onde? De um campo de multiplicação de sementes de milho, onde plantam milho ano após ano. A terra de lá já está exausta, e as adubações com NPK aumentam. As pragas que aparecem, os plantadores controlam com veneno. O campo era muito bem cuidado. É mais fácil usar o calendário de pulverizações do que fazer todas as análises foliares e tentar controlar o que está faltando. Mas o que faltava mesmo era zinco. As plantas tratadas com praguicidas certamente estão limpas de pragas, as plantas produzem sementes, mas que não levam nem o mínimo de zinco na reserva da semente para poder superar as primeiras duas semanas, até que as raízes se expandam e possam absorver o zinco do solo. E esse lapso de tempo, a elasmo aproveita. Quando o período é seco, as raízes levam mais tempo para crescer, o zinco fica menos disponível no solo e a planta consegue menos ou nada. É o azar do agricultor e a alegria das mariposinhas.

O que fazer? Colocar mais veneno?

Não, somente pulverizar a semente com um pouco de zinco. Uma solução de sulfato de zinco 0,035% é o suficiente para proteger as plantas novas do ataque. Mais tarde, com raízes maiores, já se abastecem sozinhas com zinco.

O problema é que nunca perguntam ao solo. Somente procuram matar aquilo que incomoda. E seria tão fácil controlar, se perguntassem ao solo. Quando se compra uma semente e ignora-se o tratamento do solo onde foi plantada, por segurança, pode-se pulverizá-la com zinco. Não custa nada e dá a certeza de que nenhuma elasmo vai atacar.

RESERVA KRUGER PARK

Uma das maiores reservas naturais do mundo é o Kruger Park, no nordeste da África do Sul. Lá existem os maiores animais do planeta: elefantes, rinocerontes, leões, leopardos, búfalos (os *"big five"*), além de girafas, hipopótamos, antílopes, javalis, hienas, chacais, macacos e outros. Antigamente era uma mata rala, tipo savana, que eles chamam *bush*, de vez em quando interrompida por florestas, regada por rios e cheia de lagos ou represas onde os animais selvagens tomavam banho. Não tinha problema nenhum em abrigar todos estes animais, em parte gigantescos, como os elefantes africanos com até oito toneladas de peso. Tudo abundava, água e vegetação.

A África do Sul, com sua maior parte abaixo do trópico de Capricórnio, é uma região subtropical a temperada. Pelos caprichos da natureza, tem um clima praticamente mediterrâneo. Os solos em boa parte são ricos não somente em ouro e diamantes, mas também para a agricultura e a pecuária, por serem em boa parte originados de rochas muito antigas (do Arqueozoico). Mas as chuvas são poucas, às vezes muito poucas.

Em 1652, os holandeses iniciaram a colonização no entorno do cabo da Boa Esperança, ao sudoeste do país, ocupado posteriormente pelos ingleses. Os bôeres, ou seja, os colonos calvinistas holandeses, começavam a dominar com seus rebanhos grandes, mas nômades. Hoje, nas regiões melhores existem grandes fazendas onde plantam trigo, milho e batatinhas. Com a tecnologia moderna, especialmente pelo uso de irrigação com pivô central que posicionam somente a um metro acima do solo, para não perder tanta água pela evaporação, produzia-se muito bem, porém, esgotaram os rios, compactaram os solos e, em parte, os aquíferos subterrâneos foram privados da reposição de água. Até as fontes e rios do Kruger Park secaram. Quase não existe mais água natural para os animais, e até os lagos escasseiam. Agora bombeiam a água de poços artesianos para os bebedouros.

Os *game rangers*, ou seja, os "guarda-animais" dizem que antes da agricultura de alta tecnologia tudo ia às mil maravilhas nessa reserva animal. Agora, a água desapareceu e a vegetação natural, em parte, está secando e morrendo, e os animais têm de caminhar cada vez mais longe para beber. Olham os fazendeiros com rancor, porque com sua tecnologia despreocupada conseguiram destruir um paraíso sem sequer botar um pé lá dentro. Cercaram o lugar com suas fazendas, estragaram seus solos, que, impermeabilizados, impedem o abastecimento dos lençóis subterrâneos com água. Tornaram a região, que já não abundava pelas chuvas, mais seca ainda, embora esteja praticamente na costa do oceano Índico.

MORTE DOS BEZERROS

Meu irmão tem gado de leite na Áustria, uma criação eco-orgânica e biodinâmica. Um problema não só o afligia, como a toda a região: as vacas pariam bezerros lindos, mas alguns dias após o nascimento, as crias morriam. Os fazendeiros estavam desesperados. Pesquisas estavam sendo feitas nas universidades, pois os especialistas não conseguiram descobrir a causa.

– Deficiência grande de iodo – disse eu.

– Mas como biodinâmicos não podemos simplesmente fornecer iodo para a mãe.

– Então deem algas marinhas, que é permitido. Nas próximas crias, o problema desaparecerá!

– Como você sabia disso? As pesquisas por aqui ainda não haviam chegado à conclusão nenhuma!

– Isso já se sabe há muito tempo...

ECO-ORGÂNICO, ALIMENTO COMPLETO

Levei meu milho para vender no haras perto da minha propriedade.

– Milho? Nossos cavalos não comem milho, só aveia.

– Bom – disse eu, já que eu o trouxe não vou levá-lo de volta, vou deixar aqui.

No dia seguinte, eles me telefonam:

– O que tem nesse milho? Os cavalos o descobriram e ficaram loucos pelo milho. Só querem saber desse milho, até mesmo rejeitaram a aveia e a ração que eles adoram.

Um solo vivo e sadio produz uma planta sadia, a qual consegue conter de 45 a 80 minerais, entre macroelementos, microelementos e traços de elementos, além de vitaminas. Então ela realmente nutre, supre o que o homem e o animal necessitam. O animal consegue perceber isso e sabe o que é bom para ele. Um cientista inglês pesquisou somente o sangue e encontrou 90 substâncias químicas diferentes. Isso é, no mínimo, o que nós precisamos para sermos saudáveis, e com certeza também os animais de sangue quente.

Eu estava com um galpão cheio de grãos de café. Apareceram alguns possíveis compradores interessados, mas primeiramente levariam somente uma amostra e dariam a resposta em uma semana.

Porém, já no dia seguinte todos ligaram, dizendo que queriam o café. Apesar de a minha terra não ser terra roxa, o café orgânico em base ecológica é completo, possui todas as substâncias que um café deveria conter e, consequentemente, o seu sabor é maravilhoso, perfeito.

Uma amiga que sempre cuidou da alimentação e, portanto, da saúde de sua família, comprava em uma feira orgânica do bairro. Sua família possuía uma saúde excelente. Quando certa vez não teve tempo de ir a essa feira e não pôde oferecer hortaliças e frutas orgânicas, a família toda percebeu, dizendo que não tinham o mesmo gosto, estavam sem sabor. Uma planta completa realmente tem sabor, como dizem, de produtos de antigamente, os quais também tinham mais aroma.

Fui ao sul da Bahia a chamado de cacauicultores desesperados. Faziam plantio convencional, e a cada ano tinham que colocar mais e mais venenos para matar as pragas, que aumentavam a olhos vistos. Os caroços de cacau, ao serem fermentados, se dissolviam, eram "comidos" pela fermentação, e do que restava produzia-se um chocolate de péssima qualidade.

Aconselhei-os a terem diversidade de árvores. Plantaram junto aos cacaueiros jequitibá, açaí, cupuaçu e outras tantas árvores que também poderiam utilizar para comercializar seus produtos. Fizeram uma camada de folhas secas de uns 30 cm, e no começo colocaram pó de rocha para equilibrar a falta de nutrientes no solo. Quatro anos depois, me chamaram de volta.

A prosperidade fazia-se notar ao redor, nas casas, no bem-estar, nos estudos, no brilho dos olhos, na alegria de estar "conseguindo". O cacau não teve mais pragas, quando fermentavam os caroços eles ficavam intactos e, depois de secos ao sol, com a ajuda da Ceplac (Comissão Executiva de Planejamento da Lavoura Cacaueira), eles mesmos faziam o chocolate. Antes eles só eram fornecedores do cacau, recebendo apenas 25% do preço do chocolate, agora ganhavam 80%. E eis a surpresa: como o cacau era integral, completo, continha todos os nutrientes de um cacau sadio, ao fazerem chocolates com 56% e

72% de cacau e sem conservantes, obtinham um chocolate ultramacio com um paladar divino. Tiveram oportunidade de participar de uma feira em Paris, e suas barras de 30 gramas foram vendidas a preço bem acima do mercado! Foram considerados melhores que os de primeira linha já existentes no mercado de lá, que com essa porcentagem de cacau são duros e não têm sabor. Atualmente sua produção somente consegue fornecer para Paris e Rio de Janeiro em um ponto de venda.

Produtos orgânicos cultivados com base ecológica podem salvaguardar as condições de vida superior no planeta. Deixam o solo novamente permeável, restaurando o ciclo da água, pondo fim à preocupação da falta de água potável, fornecem alimentos com os nutrientes necessários para a população, que terá muito mais saúde física e mental: um corpo sadio leva a uma mente saudável. Bem como, economicamente, é muito mais rentável.

REFERÊNCIAS

AGRUCO. *Cosmovisión indígena y biodiversidad en América Latina*. Cochabamba: Compás/Agruco, 2001. 408 p.

ANDRADE RODRIGUES, L. R.; RODRIGUES, T. J. D.; REIS, R. A. *Alelopatia em plantas forrageiras*. Jaboticabal: Unesp, 1992. 18 p.

BAKURDZHIEVA, N. Seed treatment with trace elements. *Izv. Inst. Fiziol. Rast. Bulg. Akad Nauk*, v. 16, p. 203-212, 1970.

BAR-YAM, Yaneer. *Making things work*. NECSI, Knowledge Press, 2004.

BERGMANN, W. *Nutritional disorders of plants*. Jena: Gustav Fischer, 1986.

BERGMANN, W.; NEUBERT, P. *Plant diagnosis and plant analysis*. Jena: VEB Gustav Fischer, 1976.

BERGMANN, W. *Ernährungsstörungen bei Kulturpf*lanzen. Jena: VEB Gustav Fischer, 1983.

BORYS, M. W. "Influência da nutrição mineral na resistência das plantas aos parasitas". *In:* PRIMAVESI, A. (coord.) *Progressos em biodinâmica e produtividade do solo*. Santa Maria: UFSM, 1968, p. 385-404.

BUNCH, R. "Nutrient quantity or nutrient Access?: a new understanding of how to maintain soil fertility in the tropics". *Network for Ecofarming in África – Necofa*, v. 3, n. 2, 2001. 19 p.

CHABOUSSOU, F. *Les plants malades des pesticides*: bases nouvelles de une prévention contre maladies et parasites. Paris: Debard, 1980. 270 p.

CRUTZEN, P. J. "The influence of nitrogen oxides on the atmospheric ozone content". *Quart. J. Roy. Meteor. Soc.*, v. 96, p. 320-325, 1970.

DOBREMEZ, J. E; GALLET, C.; PELLISSIER, F. Guerre chimique chez les végétaux. *La Recherche*, v. 279, p. 912-916, 1995.

DUQUE, J. G. *Solo e água no polígono das secas*. 5ª ed. Mossoró: Esam, 1980. 276 p. (Coleção Mossoroense, 142).

FAO — Food and Agriculture Organization. *The state of food insecurity in the world 2013*: the multiple dimensions of food security. Rome: FAO, 2014. 56 p.

GRACE, J. *Plant response to wind*. London: Academic Press, 1977. 204 p. (Experimental Botany: International Series of Monographs, v. 13).

KONONOVA, M. M. *Soil organic matter, its nature, its role in soil formation and soil fertility*. Oxford: Pergamon Press, 1961. 450 p. (Trad. por Nowakowski, T.Z. & Greenwood, G.A.).

LYONS-JOHNSON, D. "Understanding sugar transport in plants". *Agricultural Research*, v. 47, n. 3, March, p. 9, 1999.

MCBRIDE, J. Moms' low copper could harm newborns. *Agricultural Research*, v. 47, n. 3, March, p. 24, 1999.

MÜLLER, E. L. *Fisiologia vegetal*. Curso de pós-graduação em biodinâmica e produtividade do solo. Santa Maria: UFSM, 1973.

PADGETTE, S. R.; KOLACZ, K. H.; DELANNAY, X.; RE, D. B.; LAVALLEE, B. J.;TINIUS, C. N.; RHODES, W. K.; OTERO, Y. L; BARRY, G. E; EICHOLTZ, D. A.; PESCHKE, V. M.; NIDA, D. L.; TAYLOR, N. B.; KISHORE, G. M. "Development, identification and characterization of a glyphosate-tolerant soybean line". *Crop Sci.*, v. 35, p. 1.451-1.461, 1995.

PAPENDICK, R. I. "El desarrollo de la cero labranza en el Fundo Chechén y su influencia en algunos parâmetros físicos, químicos y biológicos". *In*: CONGRESSO NACIONAL DE SIEMBRA DIRECTA, VI., V Giardino, Cordoba: 1996, p. 87-104.

PRIMAVESI, A. *Deficiências minerais em culturas*. Porto Alegre: Globo, 1965.

PRIMAVESI, A. *O manejo ecológico do solo*. São Paulo: Nobel, 1980. 541 p.

RODRIGUES, B. N.; PASSINI, T.; FERREIRA, A. G. Research on allelopathy in Brazil. *In*: NARWAL, S. S. (ed.) Allelopathy. *Update Enfield: Science Pub.*, 1999, v. 1, p. 307-323.

SCHARRER, K.; LINSER, H. (Ed.) *Handbuch der Pfianzenernährung und Düngung*. Wien: Springer Verlag, 1966. 906 p.

SENNA DE OLIVEIRA, T; ASSIS-JÚNIOR, R. N. de; ROMERO, R. E.; SILVA, J. R. C. (org.) *Agricultura, sustentabilidade e o semiárido*. Fortaleza/CE: UFC; Viçosa/MG: SBCS/UFC, 2000. 406 p.

SHARMA, R. D.; PEREIRA, J.; RESCK, D. V. S. *Eficiência de adubos verdes no controle de nematoides associados à soja nos cerrados*. Planaltina: Embrapa Cerrados, 1982. (CPAC: Boletim de Pesquisa, n.13). 30 p.

SOUZA-FILHO, A. P. S.; RODRIGUES, L. R. A.; RODRIGUES, T. J. D. Efeitos do potencial alelopático de três leguminosas forrageiras sobre três invasoras de pastagens. *Pesquisa Agropecuária Brasileira*. Brasília, v. 32, n. 2, p. 165-170, 1997.

SPRAGUE, H. B. *Hunger signs in crops*. Nova York: David McKay Co, 1941.

SUSZKIW, J. Plants send SOS when caterpillars bite. *Agricultural Research*, v. 46, n. VAGELER, P. W. E. *Grundriss der tropischen und subtropischen Bodenkunde für Pflanzer und Studierende*. Berlin SW: Verlagsgesellschaft für Ackerbau m.b.H, 1930. 216 p.

WALLACE, T. *The diagnosis of mineral deficiencies in plants*. Londres: H. Majestys Station, Office, 1961.